Vögel

ENTDECKEN UND ERKENNEN

BÄRBEL OFTRING

blv

Vögel entdecken und erkennen

Vögel sind bei uns die wohl bekannteste Tiergruppe. Durch ihre Erscheinung, ihr Verhalten und ihre Rufe und Gesänge fallen sie sofort ins Auge. Sie sind so gut wie in jedem heimischen Lebensraum anzutreffen; viele fühlen sich in den menschlichen Siedlungen besonders wohl. Andere wie insbesondere die am Boden brütenden Vögel der Wiesen- und Feldlandschaften haben es hingegen schwer, wie es rückläufige Bestände zeigen.

Alle Vögel tragen ein Federkleid, das nicht nur den über 40 °C warmen Vogelkörper ausgezeichnet gegen Wärmeverluste isoliert, sondern auch an Flügeln und Schwanz hervorragende Trag- und Steuerflächen zum Fliegen bildet. Wie die einzelnen Gefiederpartien heißen, zeigt die Illustration unten.

Mindestens einmal im Jahr wird während der Mauserzeit das komplette Gefieder gewechselt. Dies führt bei vielen Vogelarten dazu, dass sich ihre Gefiederfärbung je nach Jahreszeit ändert. Das Schneehuhn etwa besitzt ein weißes Winter- und ein braunes Sommerkleid. Bei vielen anderen Vögeln tragen die Männchen während der Brutzeit ein auffallendes Brut- oder Prachtkleid, im übrigen Jahreslauf ein schlichteres Ruhe- oder Schlichtkleid. Die Weibchen sind entweder genauso wie oder deutlich blasser als die Männchen gefärbt, oder sie zeigen gedeckte Brauntöne. Auch die Gefiederfärbung vieler Jungvögel ähneln Weibchen oder sind tarnfarben bräunlich.

Wichtige Gefieder- und Körpermerkmale bei Vögeln.

Bei der Stockente haben der Erpel im Prachtkleid (oben) und das Weibchen (Mitte) eine recht unterschiedliche Gefiederfärbung. Im Schlichtkleid (unten) ähnelt der Erpel dem Weibchen.

Vögel sind Ultraleichtgewichte, deren Knochen mit Luft gefüllt sind. Selbst ein stattlicher Mäusebussard mit einer Flügelspannweite von bis zu 120 cm wiegt höchstens 1200 g!

Ein weiteres typisches Merkmal aller Vögel ist der Schnabel, ein vielseitig einsetzbares Werkzeug. Je nach Ernährungsweise ist er bei den Vogelarten sehr verschieden gebaut.

Auch den Rufen, Schreien und Gesängen sollten Sie sich widmen, werden Sie doch meist auf Vögel durch deren Lautäußerungen aufmerksam.

Die Arten in diesem Buch

Mit diesem Buch können Sie rund 220 Arten heimischer Vögel kennenlernen und auf einfache Weise bestimmen. Ausgewählt wurden einerseits solche Vogelarten, die wie Kohlmeise, Elster und Amsel häufig und überall verbreitet sind, andererseits solche, die wie Weiß-Storch und Feld-Lerche typischerweise zur heimischen Vogelwelt gehören oder wie Bienenfresser und Löffler neuerdings hiesige Lebensräume erobert haben.

Die Vogelarten sind in diesem Buch nach ihrer Verwandtschaft und nach Ähnlichkeiten in 17 Gruppen eingeteilt. Jeder Gruppe ist ein Piktogramm zugeordnet, das Sie in der linken Randspalte finden. Die 17 Gruppen sind:

Schwäne, Gänse, Enten (S. 8–23): Die Vertreter dieser Entenverwandten sind typische Wasservögel mit wegen ihrer kurzen Beine watschelndem Gang.

Hühnervögel (S. 24–29): Die Glatt- und Raufußhühner sind allesamt Bodenbewohner mit kurzem, leicht hakenförmigem Schnabel.

Taucher, Tölpel, Kormorane (S. 30–33): Gemischte Gruppe aus verschiedenen Wasservögeln.

Schreitvögel (S. 34–39): Löffler, Reiher, Kranich und Storch bilden diese Gruppe meist großer Vögel mit langen Beinen und meist langem Schnabel.

Greifvögel, Falken (S. 40–51): Diese allgemein bekannten Vogelgruppen zeichnen sich als Fleischfresser mit typischem Hakenschnabel, kräftigen Füßen mit dolchartigen Krallen und nach vorne gerichteten Augen aus.

Rallen, Watvögel (S. 52–65): Während die kompakt gebauten Rallen mit langen Beinen und Zehen Uferbewohner von Sümpfen, Seen und Teichen sind, leben die artenreichen und vielgestaltigen Watvögel (auch Limikolen genannt) an der Küste.

Möwen, Seeschwalben u.ä. (S. 66–75): Neben den bekannten Möwen und Seeschwalben sind auch die ähnlichen Alkenvögel wie Trottellumme und Tordalk sowie der Eissturmvogel an den Küsten zu finden.

Tauben, Kuckucke (S. 76–79): Mit seinem langen Schwanz ähnelt der Kuckuck den allseits bekannten Tauben.

Eulen (S. 80–85): Schleiereulen, Ohreulen und Käuze sind nacht- und dämmerungsaktive Beutegreifer. Kennzeichnend ist der große runde Kopf mit großen Augen und strahlenförmig angeordneten Federn (dem Gesichtsschleier).

Spechte, bunte Vögel u.a. (S. 86–95): Die Vögel dieser inhomogenen Gruppe zeichnen sich durch farbige Gefieder aus: Während die bekannten Spechte Waldbewohner mit dolchförmigem Schnabel sind, bewohnen die kräftigen, zu den Singvögeln zählenden Würger offene Landschaften. Eisvogel,

Bienenfresser, Wiedehopf, Halsbandsittich und Pirol sind tatsächlich bunte Vögel.

Schwalben, Segler (S. 96–99): Die nicht miteinander verwandten Schwalben und Segler verbringen die meiste Zeit in der Luft.

Rabenvögel, Stare (S. 100–105): Die Rabenvögel sind mittelgroße bis sehr große Singvögel mit kräftigem Schnabel, die meist sehr anpassungsfähig sind. Auch der Star gehört zu den häufigsten Brutvögeln Mitteleuropas.

Meisen und ähnliche (S. 106–113): In dieser Singvogelgruppe sind neben den echten und unechten Meisen auch die agilen Baumläufer, Mauerläufer und Kleiber vereint.

Lerchen, Pieper, Stelzen (S. 114–117): Diese meist kleinen Singvögel halten sich vor allem auf dem Boden auf.

Kleine Insektenjäger (S. 118–135): Insekten stehen auf dem Speiseplan von Laubsängern, Rohrsängern, Grasmücken, Goldhähnchen, Schnäpperverwandten, Braunellen und Zaunkönig, allesamt kleine Singvögel.

Drosseln und ähnliche (S. 136–139): Die Amsel ist die bekannteste unter den Drosseln. Wasseramsel und Seidenschwanz ähneln auf den ersten Blick Drosseln.

Finken u.ä. (Körnerfresser; S. 140–153): Kräftige Schnäbel besitzen die sich vorwiegend von pflanzlicher Hartkost ernährenden Sperlinge, Finkenvögel, Kreuzschnäbel und Ammern.

Zu den Vogelporträts

Die einzelnen Vogelporträts sind immer gleich aufgebaut. Zunächst erfolgt eine kurze Beschreibung der wichtigsten **Merkmale**, die Ihnen zusammen mit dem Foto das Bestimmen der Art ermöglicht. Die Hinweise auf das **Vorkommen** beziehen sich meist auf die Brutzeit. Unter dem Stichpunkt **Biologie** finden Sie wissenswerte Fakten zur jeweiligen Art. Besonders wichtige Details sind **in roter Schrift** hervorgehoben.

Die **Fotos** zeigen meist die Männchen (♂) im Brutkleid. Hinweise auf das Schlichtkleid sowie die Färbung von Weibchen (♀) und Jungtieren finden Sie unter Merkmalen.

In der **Monatsleiste** oben am Beginn jeder Artbeschreibung sind die Buchstaben der jeweils erste eines jeden Monats von J (Januar) bis D (Dezember). In den **rot gedruckten Monaten** können Sie damit rechnen, den Vögeln zu begegnen. Die **schwarzen Punkte** kennzeichnen die Brutzeit. Dabei müssen Sie bedenken, dass die angegebenen Kalenderzeiten nur Anhaltspunkte sind, denn die Brut- und Anwesenheitszeiten können sich im nordwestdeutschen Tiefland deutlich von denen in Gebirgslagen oder wintermilden Gebieten unterscheiden. Auch der Klimawandel trägt zu einer Verschiebung der Brut- und Anwesenheitszeiten einzelner Vogelarten bei.

CYGNUS OLOR

J	F	M	A	M	J	J	A	S	O	N	D
			●	●	●	●	●	●			

Höckerschwan

Merkmale Bis zu 160 cm lang. **Weiß**. **Schnabel orange** mit schwarzem Höcker. Jugendkleid bräunlich mit blassem, höckerlosem Schnabel.

Vorkommen An Seen, **Teichen** und langsam fließenden Flüssen mit vegetationsreichen Ufern und nahen Weideplätzen (Wiesen).

Biologie Der etwa 15 kg schwere Höckerschwan ist einer der schwersten flugfähigen Vögel der Erde. Nur mit Anlauf vermag er sich in die Luft zu erheben. Dann hört man deutlich die pfeifenden Flügelgeräusche. Während der Brutzeit verteidigen die Männchen das meist recht große Revier um das große Bodennest sehr aggressiv gegen jeden Eindringling und zeigen dies vor einem möglichen Angriff mit aufgerichteten Flügeln. Wenn die Jungen nach 4–5 Monaten flügge sind, werden auch sie vertrieben. Die zahlreichen Schwäne, die sich im Winter an Gewässern versammeln, sind revierlose Junggesellen und Wintergäste. Höckerschwäne sind reine Vegetarier. Mit ihrem langen Hals können sie Wasserpflanzen am Gewässergrund abreißen. Im Winter fressen sie auch Gras und Blätter an Land.

CYGNUS CYGNUS

J	F	M	A	M	J	J	A	S	O	N	D
				●	●	●	●				

Singschwan

Merkmale Ähnlich Höckerschwan, aber mit **schwarz-gelbem Schnabel** ohne Höcker, kurzer Schwanz. Beim Schwimmen steil aufgereckter Hals.

Vorkommen Brütet an **ungestörten**, **naturnahen Seen**. Überwintert am Bodensee, im Ostseeraum und in Norddeutschland.

Biologie Wegen seiner lauten **Trompetenrufe**, die er oft hören lässt, kam der Singschwan zu seinem Namen. Früher war er bei uns nur Wintergast, heute brütet er auch in einigen Regionen Norddeutschlands. Den ersten Winter verbleiben die Jungen bei den Eltern. Dann kann man sie auf Rapswiesen beobachten.

CYGNUS ATTRATUS

J	F	M	A	M	J	J	A	S	O	N	D
●	●	●	●	●	●	●	●	●	●	●	●

Schwarzschwan

Merkmale Bis zu 130 cm lang. **Schwarz**. **Schnabel rot** mit heller Binde.

Vorkommen An **Parkteichen**, auch an Seen, Flüssen, Küste.

Biologie Dieser unverkennbare Schwan ist ursprünglich in Australien und Tasmanien beheimatet. In Mitteleuropa leben ausschließlich ausgesetzte oder verwilderte Vögel. Da sie von der Südhalbkugel stammen, brüten die Paare manchmal sogar im Herbst oder Winter.

HÖCKERSCHWAN, PAAR MIT JUNGEN

SINGSCHWAN

SCHWARZSCHWAN

TADORNA TADORNA

J	F	M	A	M	J	J	A	S	O	N	D
			●	●	●	●	●				

Brandgans (Brandente)

Merkmale Bis zu 67 cm lang. **Schwarz-weiß**, Kopf flaschengrün, Brustband rostbraun. **Schnabel rot**, beim Männchen mit Höcker.

Vorkommen An **flacher Nord- und Ostseeküste** mit Dünen, Deichen, Marschen und Salzwiesen; auch an küstennahen Flüssen und Seen.

Biologie Diese sehr bunt wirkende Halbgans brütet meist in Erdhöhlen, etwa Kaninchenbauten, aber auch unter Holzstapeln oder in Sträuchern. Sofort nach dem Schlüpfen ziehen die Eltern mit den Küken ins flache Wasser. Dort scheuchen sie mit trampelnden Beinbewegungen Krebse, Schnecken und andere Beutetiere auf. Ab August versammeln sich rund 200 000 Brandgänse aus fast ganz Europa im Wattenmeer zum Mausern.

ANSER ANSER

J	F	M	A	M	J	J	A	S	O	N	D
		●	●	●	●	●	●				

Graugans

Merkmale Bis zu 90 cm lang. Grau bis **graubraun**. Schnabel fleischfarben bis orange, **ohne Schwarz**. Beine rosa.

Vorkommen An Seen, größeren Weihern und anderen Binnengewässern mit gebüschreichen Ufern und nahen Wiesen; in Städten an **Parkteichen**.

Biologie Durch die Arbeiten des Verhaltensforschers Konrad Lorenz wurden die Graugänse berühmt. Von diesen größten grauen Gänsen stammen unsere weißen Hausgänse ab. Graugänse brüten schon sehr früh im Jahr und führen manchmal schon im April Küken. Die Familie bleibt bis in den Winter zusammen. Außerhalb der Brutzeit streifen die Vögel weit umher und mischen sich gern unter andere Gänsearten. Erfreulicherweise nimmt der Bestand dieser Gänse zu.

ALOPOCHEN AEGYPTIACA

J	F	M	A	M	J	J	A	S	O	N	D
		●	●	●	●	●	●	●			

Nilgans

Merkmale Bis zu 73 cm lang. Grau bis zimtbraun, Augenfleck **dunkelbraun**, Flügel schwarz, weiß und grün. Schnabel und Beine rosa.

Vorkommen An warmen Gewässern wie **Kies- und Parkseen**.

Biologie Diese Halbgans stammt aus Afrika (Name). Sie gelangte im 18. Jh. als **Ziergeflügel** nach Europa und breitet sich auch bei uns rasch aus. Die Nilgans vertreibt andere Enten und Gänse aus ihrem Revier. Ihr Nest baut sie in Bäumen, am Boden oder in Erdhöhlen. An die hiesigen Brutzeiten sind nicht alle Nilgänse angepasst, denn manche brüten sogar im Winter.

BRANDGANS

GRAUGANS

NILGANS

BRANTA LEUCOPSIS **J F M A M J J A S O N D**

Weißwangengans

Merkmale Bis zu 70 cm lang. **Schwarz-weiß**, **Gesicht weiß**.

Vorkommen An felsigen Küsten der Tundra sowie an Seen und Teichen mit **Inseln** und feuchten **Wiesen**.

Biologie Früher brütete die Weißwangengans nur in der arktischen Tundra, seit rund 40 Jahren auch in Norddeutschland und den Niederlanden. Um ausreichend vor Bodenräubern wie dem Polarfuchs geschützt zu sein, brüten die Gänse in geselligen Gruppen an steilen Felshängen oder auf kleinen Inseln. Als **Wintergast** finden sich große Schwärme in den Salz- und Weidewiesen ein, deren laute Stimmen von fern an bellende Hunde erinnern. Nachts ruhen die Gänse auf offenen Gewässern. Weil ihre Gefiederfärbung an das Gewand einer Nonne erinnert, wird die Art auch **Nonnengans** genannt.

BRANTA CANADENSIS **J F M A M J J A S O N D**

Kanadagans

Merkmale Bis zu 100 cm lang. Graubraun mit **heller Brust**. Hals sehr lang, schwarz. Kopf mit **weißem Kinn**.

Vorkommen An Seen, **Parkteichen** und Kiesgruben mit nahen Wiesen.

Biologie Die große Kanadagans wurde vor über 300 Jahren von Nordamerika zunächst in England, später auch im kontinentalen Europa eingebürgert. Bei uns trifft man sie meist das ganze Jahr über in vielen Parks an. Wie die meisten Gänse lebt auch die Kanadagans in einer Dauerehe. Während das Weibchen in einem versteckten Bodennest brütet, bleibt das Männchen stets in deren Nähe. Oft bleiben die Jungen bis zum Beginn der nächsten Brutsaison bei ihren Eltern.

BRANTA BERNICLA **J F M A M** J J A S **O N D**

Ringelgans

Merkmale Bis zu 60 cm lang. Schwarz-grau mit **weißem Halsring**.

Vorkommen Wintergast im Wattenmeer, auf **Salzwiesen** und Feldern.

Biologie Die Brutgebiete der stockentengroßen Ringelgans liegen an der Tundraküste rund um das Nordpolarmeer. Nach der kurzen Brutsaison ziehen die Gänse auch ins Wattenmeer. Dann weiden sie bei Ebbe in großen Trupps auf meernahen Wiesen und ruhen bei Flut im flachen Wasser, wo sie auch nach Seegräsern und Tangen gründeln. Wegen ihrer »rott-rott«-Rufe werden die Vögel an der Nordseeküste auch **Rottgänse** genannt.

WEISSWANGENGANS

KANADAGANS

RINGELGANS

ANAS PLATYRHYNCHOS

J	F	M	A	M	J	J	A	S	O	N	D
		•	•	•	•	•	•				

Stockente

Merkmale Bis zu 65 cm lang. Männchen grau, **Kopf flaschengrün**, Brust braun, **Schnabel grünlichgelb**, im Sommer weibchenähnlich. Weibchen braun gemustert. Blauer »Flügelspiegel«.

Vorkommen An **fast allen Gewässern**, auch an flachen Meeresbuchten.

Biologie Von dieser größten, bekanntesten und häufigsten Ente stammt die weiße Hausente ab. Stock- und Hausente verpaaren sich manchmal; dann besitzen die Nachkommen weiße Gefiederpartien. Stockenten gründeln »mit Köpfchen unters Wasser, Schwänzchen in die Höh« nach Wasserpflanzen und Kleintieren. Nachts suchen sie auch auf Wiesen nach Nahrung. Schon im Herbst beginnen die Männchen mit der auffälligen Werbung um ein Weibchen. Nur die Weibchen bauen recht früh im Jahr das versteckte Nest, brüten und versorgen die ungefähr 8 Jungen. Viele Küken sterben aber wegen Kälte oder Feinden, etwa dem Hecht.

ANAS QUERQUEDULA

J	F	M	A	M	J	J	A	S	O	N	D
			•	•	•	•	•				

Knäkente

Merkmale Bis zu 38 cm lang. Männchen grau-braun, **Überaugenstreifen weiß**, breit, sichelförmig. Weibchen bräunlich.

Vorkommen An **flachen Gewässern** mit dichter Bepflanzung.

Biologie Diese kleine Ente ist die einzige, die den Winter außerhalb von Eurasien verbringt. Schon ab Mitte Juli starten die ersten Vögel zu ihrem rund 5000 km langen Flug in die Sahelzone südlich der Sahara. In den romanischen Ländern ist die Knäkente großen Gefahren ausgesetzt, weil sie wegen ihres raschen Fluges gern gejagt wird. Wegen des Verlustes an geeigneten Brutplätzen ist sie bei uns stark gefährdet.

ANAS CRECCA

J	F	M	A	M	J	J	A	S	O	N	D
			•	•	•	•	•				

Krickente

Merkmale Bis zu 35 cm lang. Männchen grau, **Kopf rostbraun**, **Augenstreifen grün**; im Sommer wie Weibchen. Weibchen tarnfarben bräunlich.

Vorkommen In **flachen Gewässern** mit dichter Bepflanzung.

Biologie Die **kleinste Ente Europas** ruft gern ihren Namen »krrick«. Außerhalb der Brutzeit halten sich Krickenten gern in Trupps auf. Dann fallen sie durch ihre rasanten Flugmanöver auf, etwa wenn sie gemeinsam über einem Gewässer kreisen. Krickenten gründeln meist nachts im Wasser und Schlamm nach kleinen Pflanzenteilen und Kleintieren, tagsüber ruhen sie öfters.

STOCKENTE, ♀ UND ♂

KNÄKENTE, ♀ UND ♂

KRICKENTE, ♂ UND ♀

ANAS PENELOPE

J	F	M	A	M	J	J	A	S	O	N	D
			•	•	•	•	•	•			

Pfeifente

Merkmale Bis zu 48 cm. Männchen grau; **Kopf rostbraun** mit gelber Stirn, Bauch weiß. Weibchen bräunlich mit **steiler Stirn**.

Vorkommen Wintergast an der **Nord- und Ostseeküste**.

Biologie Zu Zehntausenden versammeln sich die Pfeifenten im Winter an der Küste. Sie grasen gern wie Gänse zu vielen (Salz-)Wiesen und offene Wattflächen ab. Bei der geringsten Störung fliegen alle Vögel auf und lassen sich auf einer nah gelegenen Wasserfläche nieder. Werden sie zu oft gestört, gehen sie erst nachts auf Nahrungssuche. Im Frühjahr brechen die Pfeifenten in ihre in Skandinavien und Russland bis Sibirien gelegenen Brutgebiete auf. Doch manche Enten ziehen nicht mit, denn einzelne Brutpaare wurden im Nordosten Deutschlands beobachtet.

ANAS ACUTA

J	F	M	A	M	J	J	A	S	O	N	D
			•	•	•	•	•				

Spießente

Merkmale Bis zu 62 cm lang, plus **lange Schwanzspieße**. **Schmal gebaut**, Kopf klein, Hals lang. Männchen grau-weiß-schwarz, Kopfmuster markant braun-weiß, Schnabelseite blau. Weibchen bräunlich.

Vorkommen Brütet in **einigen Feuchtgebieten**. Überwintert **an der Küste**.

Biologie Die meisten Spießenten kommen im Norden Eurasiens vor und verbringen den Winter an den europäischen Küsten. Bei uns brüten einige Vögel an Seen mit breiten Röhrichtzonen oder in Moorgebieten. Das schlecht getarnte Nest liegt etwas vom Wasser entfernt. Wie Stockenten gründeln sie nach Nahrung, meist nachts. Mit ihrem langen Hals können sie Pflanzliches und Tierisches in bis zu 50 cm Wassertiefe erreichen.

ANAS CLYPEATA

J	F	M	A	M	J	J	A	S	O	N	D
			•	•	•	•	•				

Löffelente

Merkmale Bis zu 52 cm lang. **Schnabel breit**, **löffelförmig**. Männchen weiß-braun-schwarz, Kopf flaschengrün. Weibchen bräunlich.

Vorkommen An **flachen Gewässern** mit dichter Bepflanzung.

Biologie Mit ihrem breiten Schnabel, der an den Seiten mit langen, dichten Lamellen besetzt ist, seiht die Löffelente Plankton aus dem Wasser und Schlamm. Schon im Winter, den die Löffelenten zunehmend an hiesigen Seen verbringen, finden sich die Paare zusammen. Drohend und beißend halten sie andere Enten auf Abstand. Die meisten Löffelenten kommen im Norden Eurasiens und in Nordamerika vor.

PFEIFENTE, ♀ UND ♂

SPIESSENTE, ♂ UND ♀

LÖFFELENTE, ♂ UND ♀

AYTHYA FERINA

J	F	M	A	M	J	J	A	S	O	N	D
			•	•	•	•	•				

Tafelente

Merkmale Bis zu 49 cm lang. **Kopf groß**, **rund**. Männchen grau, **Kopf rotbraun**, Brust schwarz. Weibchen braun.

Vorkommen An Seen und **großen Teichen** mit dichter Uferbepflanzung.

Biologie Die Tafelente ist recht häufig zu beobachten, insbesondere im Winter, wenn sich zu den heimischen Brutbeständen noch Wintergäste und Durchzügler gesellen. Als **Tauchente** holt sie sich tauchend Wasserpflanzen, Muscheln und andere Nahrung am Gewässergrund. Um aufzufliegen, muss sie erst an der Wasseroberfläche Anlauf nehmen. Da ihre Beine recht weit hinten am Körper ansetzen, läuft sie an Land ziemlich unbeholfen. Gen Winterende zeigen die sonst schweigsamen Enten bei der Balz auffallende Kopfbewegungen und rufen kurze Laute.

AYTHYA FULIGULA

J	F	M	A	M	J	J	A	S	O	N	D
				•	•	•	•	•			

Reiherente

Merkmale Bis zu 47 cm lang. Langer **Federschopf** am Hinterkopf, Iris gelb. **Männchen schwarz**, Seiten und Bauch weiß. Weibchen dunkelbraun.

Vorkommen An großen, **tiefen Teichen** und Seen mit dichter Uferbepflanzung. Im Winter an allen eisfreien Gewässern.

Biologie Die Reiherente, die **häufigste heimische Tauchente**, ist noch weiter verbreitet als die Tafelente. Im Winter kommen unzählige Gäste aus dem Osten und Norden hinzu. Mit einem kleinen Sprung taucht diese Ente ab und erbeutet ihr vorwiegend tierische Nahrung am Gewässergrund in bis zu 10 m Tiefe. Die Weibchen bauen ihre Nester einzeln oder in Kolonien gut versteckt zwischen Pflanzen, auf kleinen Inseln oder zwischen die der Lachmöwen, die Bruträuber vertreiben.

AYTHYA MARILA

J	F	M	A	M	J	J	A	S	O	N	D
				•	•	•	•	•			

Bergente

Merkmale Bis zu 51 cm lang. Männchen schwarz, **Rücken grau**, Bauch weiß. Weibchen dunkelbraun; breiter, **weißer Ring um den Schnabel**.

Vorkommen Wintergast an der **Küste** und küstennahen Seen.

Biologie Die Brutgebiete der Bergente liegen in den Tundren, Gebirgen und Küsten im hohen Norden. Doch regelmäßig brüten auch einzelne Vögel an Seen in Schleswig-Holstein. Den Winter verbringen unzählige Bergenten an der hiesigen Küste, oft zusammen mit Reiher- und Tafelenten. Sie ernähren sich im Winter vor allem von Muscheln und Krebstieren.

TAFELENTE, ♂

REIHERENTE, ♂

BERGENTE, ♂

NETTA RUFINA

J	F	M	A	M	J	J	A	S	O	N	D
			•	•	•	•	•				

Kolbenente

Merkmale Bis zu 57 cm lang. **Kopf dick**, **Schnabel rot**. Männchen braungrau, **Kopf fuchsrot**, Seiten weiß. Weibchen baun.

Vorkommen **Seen** mit reichlich Algen und dichter Bepflanzung.

Biologie Die Kolbenente taucht und gründelt nach Algen und Wasserpflanzen. Schon im Herbst beginnt die Balz, bei der das Männchen dem Weibchen Algen anbietet. Beliebter **Parkvogel**.

SOMATERIA MOLLISSIMA

J	F	M	A	M	J	J	A	S	O	N	D
			•	•	•	•	•				

Eiderente

Merkmale Bis zu 70 cm lang. **Kopfprofil keilförmig**. Männchen weiß, Brust rosa, **Haupt schwarz**, Hinterkopf grünlich.

Vorkommen An **Nord- und Ostseeküste**. Überwintert an Seen.

Biologie Die Eiderente, die häufigste **Meeresente**, erbeutet Muscheln und Krebstiere in bis zu 20 m Tiefe. Beim Tauchen benutzt sie ihre Flügel als Antriebsorgane (Flügeltaucher). Die weichen Dunen ergeben warme, leichte Füllungen für Schlafsäcke.

BUCEPHALA CLANGULA

J	F	M	A	M	J	J	A	S	O	N	D
			•	•	•	•	•				

Schellente

Merkmale Bis zu 50 cm. **Kopf dreieckig**. Männchen schwarzweiß, **Kopf mit weißem Fleck**. Weibchen grau-weiß.

Vorkommen An **Seen und Flüssen** mit altem Baumbestand.

Biologie Das Hauptbrutgebiet der Schellente liegt in der Taiga. Doch auch im Nordosten Deutschlands brüten einige Paare. Das Weibchen wählt dazu eine alte Spechthöhle oder einen Nistkasten. Etwa 48 Stunden nach dem Schlüpfen verlassen die Küken mit einem gewagten Sprung die Höhle. Schellenten unternehmen täglich bis zu 1200 Tauchgänge, um Kleintiere zu erbeuten.

AIX GALERICULATA

J	F	M	A	M	J	J	A	S	O	N	D
			•	•	•	•	•				

Mandarinente

Merkmale Bis zu 50 cm lang. **Männchen sehr bunt**, mit orangem »Segel«. Weibchen graubraun mit gefleckten Seiten.

Vorkommen An mit **Bäumen gesäumten Parkteichen**.

Biologie Wild kommt die Mandarinente in Südostasien vor, dort stark bedroht. Ebenso viele Park- und verwilderte Vögel leben mittlerweile bei uns; die Art wurde vor rund 300 Jahren eingeführt. Das Weibchen brütet in einer Baumhöhle, das Männchen bleibt stets in dessen Nähe. Während diese Ente in ihrer Heimat ein Zugvogel ist, überwintert sie bei uns im Brutgebiet.

KOLBENENTE, ♀ UND ♂

EIDERENTE, ♂ UND ♀

SCHELLENTE, ♂

MANDARINENTE, ♂

MERGUS MERGANSER

J	F	M	A	M	J	J	A	S	O	N	D
			•	•	•	•	•				

Gänsesäger

Merkmale Bis zu 66 cm lang. Kopf mit fülligem Schopf. Schnabel mit **Hakenspitze**, **rot**, lang, schlank. Männchen weiß-grau-schwarz, Kopf dunkelgrün. Weibchen grau, Kopf braun.

Vorkommen An Seen und Flüssen mit **Baumbestand**, auch an der Küste.

Biologie Der mit den Enten verwandte Gänsesäger ist die größte Sägerart der Erde. Sie ernährt sich vorwiegend von Fischen, die sie beim Schwimmen mit untergetauchtem Kopf entdeckt und tauchend erbeutet. Fliegend sucht das Weibchen nach einer Bruthöhle in Bäumen, nimmt aber auch Fels- und Mauernischen als Nistplatz an. An hiesigen Gewässern überwintern zahlreiche Vögel aus nördlichen Brutgebieten.

MERGUS SERRATOR

J	F	M	A	M	J	J	A	S	O	N	D
			•	•	•	•	•	•			

Mittelsäger

Merkmale Bis zu 58 cm lang. Kleiner als Gänsesäger. Dünner, struppiger Schopf am Kopf. Männchen schwarz-weiß, Kopf grünlichschwarz, **Brust braun**. Weibchen grau, Kopf braun.

Vorkommen An **Küste**, Seen und Flüssen. Überwintert meist an der Küste.

Biologie Auch dieser Säger ernährt sich von Fischen, die er mit seinem mit Zähnchen besetzten Schnabel gut packen kann. Schon Mitte des Winters beginnen die Vögel in kleinen Gruppen zu balzen. Dazu zeigen sie merkwürdige Bewegungen zu miauenden und niesenden Tönen.

OXYURA JAMAICENSIS

J	F	M	A	M	J	J	A	S	O	N	D
			•	•	•	•	•				

Schwarzkopf-Ruderente

Merkmale Bis zu 40 cm lang. Männchen **rotbraun**, **Kopf schwarz-weiß**, **Schnabel blau**. Weibchen bräunlich.

Vorkommen An **Teichen** und Seen mit reichlich Wasserpflanzen und dichter Uferbepflanzung.

Biologie Die aus Nord- und Mittelamerika stammende Ente gelangte 1948 nach England, wo sie rasch eine stabile Brutpopulation entwickelte. Von dort aus breitete sie sich nach Süd- und Mitteleuropa aus, zunächst als Wintergast, später auch brütend. In Spanien vermischt sich diese Ente mit der dort heimischen **Weißkopf-Ruderente**. Während der Balz trommelt das Männchen mit dem Schnabel auf seine Brust. Das Bodennest liegt gut versteckt zwischen Uferpflanzen; häufig besteht das Gelege aus Eiern mehrerer Weibchen. Tauchend durchwühlen die Vögel den schlammigen Gewässergrund nach Nahrung.

GÄNSESÄGER, ♀ UND ♂

MITTELSÄGER, ♂

SCHWARZKOPF-RUDERENTE, ♂ UND ♀

LAGOPUS MUTA

J	F	M	A	M	J	J	A	S	O	N	D
				•	•	•	•	•			

Alpenschneehuhn

Merkmale Bis zu 38 cm lang. Im Winter **weiß**. Männchen im Sommer graubraun, **rote Hautstreifen** über Augen. Weibchen im Sommer braun.

Vorkommen In den **Alpen** oberhalb der Baumgrenze.

Biologie Während der Kaltzeiten war das Alpenschneehuhn in ganz Mitteleuropa verbreitet. Nach dem Eiszeitalter zog es sich nach Nordeuropa und in die Alpen zurück. Dank seines im Winter schneeweißen, im Sommer felsfarbenen Gefieders ist dieser Vogel stets bestens vor Feinden getarnt. Mit den befiederten Füßen sinkt es nicht so tief im Schnee ein. In kalten Nächten graben sich die Vögel tiefe Löcher in den Schnee. Im Frühjahr zeigen sich die Männchen auf erhöhten Plätzen den Weibchen und starten immer wieder zu kurzen Balzflügen.

TETRAO TETRIX

J	F	M	A	M	J	J	A	S	O	N	D
			•	•	•	•	•	•			

Birkhuhn

Merkmale Bis zu 55 cm lang. Männchen **glänzend blauschwarz**, **rote Haut** über Auge, Flügelstreifen und Unterschwanz weiß. Weibchen braun.

Vorkommen In ungestörten, **waldnahen Mooren** und Heiden.

Biologie Weil es kaum noch störungsfreie Wälder gibt, leben bei uns nur noch wenige Birkhühner in den Mittelgebirgen und Alpen. Im Frühling werben die Männchen frühmorgens und abends auf festen, offenen Balzplätzen mit verschiedenen Bewegungen zu zischenden und kullernden Tönen um die Weibchen. Dabei können auch heftige Kämpfe ausbrechen. Um Nestbau und Brut kümmern sich nur die Weibchen.

TETRAO UROGALLUS

J	F	M	A	M	J	J	A	S	O	N	D
			•	•	•	•	•				

Auerhuhn

Merkmale Bis zu 90 cm lang, Weibchen viel kleiner. Männchen glänzend grauschwarz, rote Haut über Auge, **Flügel braun**, Schwanz fächerförmig. Weibchen bräunlich, Brust **rostrot**.

Vorkommen In **ungestörten Wäldern** in Gebirgen.

Biologie Mit dem fast truthahngroßen Männchen ist das Auerhuhn der größte heimische Hühnervogel Europas. Auch dieser mittlerweile selten gewordene Vogel zeigt ein eindrucksvolles Fortpflanzungsverhalten im Frühjahr: Auf waagerechten Ästen hin und her stolzierend lässt das Männchen eine typische Folge von knappen, trillernden und schleifenden Tönen hören. Die sehr empfindlichen Küken suchen über mehrere Wochen immer wieder Schutz unter den Flügeln der Mutter.

SCHNEEHUHN, SOMMER

SCHNEEHUHN, WINTER

BIRKHUHN, ♂

AUERHUHN, ♂

TETRASTES BONASIA J F M A M J J A S O N D

Haselhuhn

Merkmale Bis zu 40 cm lang. Braun gemustert, Männchen kontrastreicher und mit **schwarzer Kehle**.

Vorkommen In **großen Wäldern** mit reichlich Gebüsch.

Biologie Das scheue Haselhuhn bekommt man nur selten zu sehen, denn es lebt sehr versteckt und zudem lokal begrenzt in unterwuchsreichen Wäldern. Das Haselhuhn lebt nicht in einem Harem, sondern in Paaren. Im Frühjahr markiert das Männchen mit sehr hohen, scharfen »siii«-Pfiffen, die wie ein Goldhähnchen klingen, sein Revier. An sandigen Stellen nehmen die Vögel gern ein Sandbad. Sie suchen am Boden, aber auch in den Bäumen nach Knospen, Kätzchenblüten und Trieben.

ALECTORIS GRAECA J F M A M J J A S O N D

Steinhuhn

Merkmale Bis zu 35 cm lang. Braungrau. Kehle weiß, schwarz eingefasst. An den Seiten **schwarze Streifen**. Schnabel und Beine **rot**.

Vorkommen An warmen, steinigen **Steilhängen**.

Biologie Das taubengroße Steinhuhn gibt es nur in Europa. Es lebt in den sonnig-warmen Höhenlagen der Alpen oberhalb der Baumgrenze. Im Winter zieht es etwas weiter talwärts. Dank seiner Tarnung sowie seiner unauffälligen Art zu fliehen, sieht man es nur selten. In der Brutzeit lösen sich die Wintergruppen auf und Paare finden sich. Dann sind besonders morgens und abends die harten »kakabi«-Rufe zu hören, mit denen das Männchen das Revier markiert. Das Weibchen legt eine Nestmulde unter Zwergsträuchern oder überhängenden Felsen an.

COTURNIX COTURNIX J F M A M J J A S O N D

Wachtel

Merkmale Bis zu 18 cm lang. **Braun** gefleckt und gestreift.

Vorkommen In offener **Kulturlandschaft** mit wildblumen- und insektenreichen Feldern, Wiesen und Steppen.

Biologie Die starengroße Wachtel ist das **kleinste Huhn** Europas. Da sie sich meist zwischen Pflanzen versteckt, hört man eher die typisch lauten »pick-pe-wick«-Reviergesänge, als dass man sie sieht. Nur selten fliegt sie auf. Den Winter verbringen die Vögel rund ums Mittelmeer. Dort bilden sich auch schon viele Paare. Die Männchen kehren vor den Weibchen in die Brutgebiete zurück. Da die hiesigen Lebensräume durch Intensivierungsmaßnahmen zerstört und die Vögel auf dem Zug und im Mittelmeerraum gejagt werden, nimmt der Bestand bei uns stark ab.

HASELHUHN, ♂

STEINHUHN

WACHTEL

PERDIX PERDIX

J	F	M	A	M	J	J	A	S	O	N	D
			•	•	•	•	•	•	•		

Rebhuhn

Merkmale Bis zu 31 cm lang. Braun, Hals grau, brauner hufeisenförmiger Fleck am Bauch, **Kehle rostrot**.

Vorkommen In offener, trockenwarmer, **strukturreicher Kulturlandschaft**.

Biologie Als ursprünglicher Steppenbewohner hat das Rebhuhn in der menschlichen Feld- und Wiesenlandschaft einen günstigen Lebensraum gefunden. Dort konnten die Vögel im Schutz der Heckensäume brüten und fanden in den Randstreifen aus Wildkräutern ausreichend pflanzliche Nahrung. Heute hört man die krächzenden »kirrräck«-Rufe immer seltener, denn wegen der Intensivierung der Landwirtschaft mit schwindendem Feldgehölz gibt es immer weniger Rebhühner.

Rebhühner bleiben das ganze Leben als Paar zusammen. In dem Gelege können bis zu 20, manchmal sogar 29 Eier enthalten sein, die nur vom Weibchen ausgebrütet werden. Das Männchen hält in Nestnähe Wache. Mit den ersten geschlüpften Jungen (Nestflüchter) zieht das Männchen schon umher, während das Weibchen weiterbrütet. Später gesellt sich das Weibchen mit den restlichen Jungen dazu. Schon 5 Wochen nach dem Schlüpfen sind die Jungen selbstständig, bleiben aber noch bis in den Spätwinter bei den Eltern. Eine solche Familie wird »Kette« genannt. Die Rebhühner verbringen die Nacht am Boden.

PHASIANUS COLCHICUS

J	F	M	A	M	J	J	A	S	O	N	D
			•	•	•	•	•	•			

Jagdfasan

Merkmale Bis zu 90 cm lang, Weibchen kleiner. **Sehr langer Schwanz**. Männchen rotbraun und **bunt schillernd**, Kopf blaugrün mit roter Haut an den Seiten, Halsring weiß. Weibchen bräunlich gemustert.

Vorkommen In **strukturreicher Landschaft** mit Hecken und Feldgehölzen.

Biologie Die Heimat des Jagdfasans liegt zwischen dem Kaukasus und China. Schon vor Jahrhunderten wurde der attraktive Vogel von den Griechen nach Europa und von den Römern nach Mitteleuropa eingeführt, vornehmlich als Jagdwild. Bei uns bildete der Fasan rasch stabile Brutbestände und mischte sich mit anderen eingeführten Fasanarten. So stammt der weiße Halsring etwa vom chinesischen Ringfasan. Ab Mitte März zeigen die Männchen auffallende Flattersprünge und kämpfen mit den Rivalen um die Gunst der Weibchen. Bei Gefahr drückt sich der Jagdfasan zunächst zu Boden, um dann geräuschvoll mit lauten **»göck-göck«-Rufen** aufzufliegen. Seine pflanzliche und tierische Nahrung (Sämereien, Früchte, auch Würmer und Insekten) sucht er am Boden, verbringt die Nacht aber auf einem Baum.

REBHUHN

JAGDFASAN, ♂

JAGDFASAN, ♀

PODICEPS CRISTATUS

J	F	M	A	M	J	J	A	S	O	N	D
			•	•	•	•	•				

Haubentaucher

Merkmale Bis zu 51 cm lang. Dunkelgraubraun, Unterseite weiß. Im Brutkleid **schwarze Kopfhaube** und **schwarz-rostrote Halskrause**.

Vorkommen An **fischreichen Seen** mit Uferbepflanzung.

Biologie Die wenig scheuen Haubentaucher gehen auch an Badeseen bis in 40 m Tiefe tauchend auf die Jagd nach Fischen. Nur wenn es im anvertrauten Gewässer zu wenig Nahrung gibt, fliegen sie zu einem anderen. Im Frühjahr kann man die auffällig balzenden Paare beobachten. Das schwimmende Nest wird an Uferpflanzen befestigt. Schon wenige Stunden nach dem Schlüpfen verlassen die Küken mit den Eltern das Nest. Sie können schon schwimmen. Immer wieder klettern sie aber auf den Rücken der Eltern und wärmen sich im Gefieder.

PODICEPS GRISEGENA

J	F	M	A	M	J	J	A	S	O	N	D
			•	•	•	•	•	•			

Rothalstaucher

Merkmale Bis zu 46 cm lang. Dunkelgraubraun, Kopfseite weißlich. Im Brutkleid **rotbrauner Hals**, ähnlich Haubentaucher.

Vorkommen Brütet an **flachen Seen** und Teichen.

Biologie In Gewässern mit reichlich Wasserpflanzen findet der Rothalstaucher genügend Nahrung an Krebstieren, kleinen Fischen und Insekten. Wie der Haubentaucher vollführt auch er im Frühjahr auffällige Balztänze mit wiehernden Tönen. Das Nest ist eine schwimmende Plattform aus Pflanzenteilen. Die meisten Vögel verbringen den Winter an der Küste, einige auch auf größeren Seen wie etwa dem Bodensee.

PODICEPS NIGRICOLLIS

J	F	M	A	M	J	J	A	S	O	N	D
			•	•	•	•	•				

Schwarzhalstaucher

Merkmale Bis zu 34 cm lang. **Iris rot**. Im Brutkleid schwarzbraun, **Ohrbüschel gelb**, sonst ähnlich Haubentaucher.

Vorkommen An **flachen Seen** und Teichen mit reichlich Wasser- und Uferpflanzen. Im Winter an Seen, Talsperren, Flüssen.

Biologie Besonders gern brütet der Schwarzhalstaucher in den Kolonien von Seeschwalben, Lach- oder Sturmmöwen. Dort findet man dann oft nicht nur eines seiner schwimmenden Nester, sondern bis zu 100 brütende Paare. Die Küken können schon kurz nach dem Schlüpfen schwimmen, lassen sich aber immer wieder Huckepack auf dem Rücken ihrer Eltern tragen, von denen jeder einen Teil der Jungen führt. Schon im Alter von 6 Wochen sind die Jungen selbstständig. Etwa 2 Wochen später löst sich die Familie auf.

HAUBENTAUCHER, MIT JUNGEN

ROTHALSTAUCHER

SCHWARZHALSTAUCHER

TACHYBAPTUS RUFICOLLIS

J	F	M	A	M	J	J	A	S	O	N	D
			•	•	•	•	•	•			

Zwergtaucher

Merkmale Bis zu 29 cm lang. **Rundlich**, Hals kurz. Im Brutkleid dunkelbraun, Hals rotbraun, **heller Fleck an Schnabelbasis**.

Vorkommen An **Teichen**, kleineren Seen, langsam fließenden Flüssen.

Biologie Der kleine Zwergtaucher wirkt wie ein Entenküken. Bei der geringsten Störung taucht er aber sofort ab und erscheint erst wieder zwischen schützenden Uferpflanzen an der Wasseroberfläche. Seine trillernden »bi-bi-bi«-Rufe kann man das ganze Jahr über hören, ebenso seine scharfen Alarmrufe (»pit«). Während der Balz singen die beiden Partner im Duett. Wie die anderen Lappentaucher bewegt er sich an Land recht unbeholfen und verlässt das Wasser fast nie.

SULA BASSANA

J	F	M	A	M	J	J	A	S	O	N	D
			•	•	•	•	•	•			

Basstölpel

Merkmale Bis zu 97 cm lang. **Weiß**. **Kopf gelblich**, Schnabel kräftig, lang. Flügel lang, schmal, mit schwarzen Spitzen. Jungvögel bräunlich weiß.

Vorkommen An **Steilküsten** und felsigen Meeresinseln.

Biologie Basstölpel sind große **Meeresvögel**. Sie brüten in Kolonien auf steilen, windexponierten Felshängen, die direkt am Meer liegen. Dort erbeuten die Vögel auf spektakuläre Weise Fische: Aus großen Höhen stürzen sie sich mit angelegten Flügeln senkrecht ins Wasser. Flügelschlagend können sie so bis in 20 m Tiefe gelangen. Ihrem Partner und dem Nistplatz sind Basstölpel treu. Daher kehren sie jedes Jahr an die angestammten Brutplätze zurück. Den Winter verbringen viele Basstölpel auf dem offenen Meer, andere bleiben in Küstennähe.

PHALACROCORAX CARBO

J	F	M	A	M	J	J	A	S	O	N	D
		•	•	•	•	•	•				

Kormoran

Merkmale Bis zu 94 cm lang. **Schillernd schwarz**, Gesicht weiß, Hakenschnabel kräftig. Im Brutkleid weißer Bauchfleck.

Vorkommen An Seen, Teichen, **Flüssen** und der Küste.

Biologie Der Kormoran ist ein effektiver **Unterwasserfischer**. Da sich seine ungefetteten Federn mit Wasser vollsaugen, kann er sehr energiesparend tauchen. Dafür muss der Kormoran nach jedem Tauchgang sein Gefieder trocknen lassen, auch im Winter. Dazu sitzt er mit ausgebreiteten Flügeln. Der gesellige Vogel brütet in großen Kolonien in Bäumen und sammelt sich abends an Schlafplätzen. Sein ätzender Kot lässt die Bäume absterben. Etwas kleiner ist die ähnliche **Krähenscharbe** *(Ph. aristotelis)*.

ZWERGTAUCHER

BASSTÖLPEL

KORMORAN

PLATALEA LEUCORODIA J F **M A M J J A S O** N D

Löffler

Merkmale Bis zu 93 cm lang. **Weiß**, weißer Schopf am Kopf. **Schnabel lang**, **löffelartig**. Beine lang. Im Brutkleid mit **gelbem Brustband**.

Vorkommen In Feuchtgebieten mit offenen Wasserflächen, an der **Küste**.

Biologie Diesen unverwechselbaren, storchengroßen Stelzvogel sieht man häufig im Wasser stehen. Dort scheucht er mit pendelnden Bewegungen seines breiten Löffelschnabels Wasserinsekten, Fische und andere Kleintiere auf, die er mit seinem blitzschnell zuklappenden Schnabel erbeutet. Da der Löffler bei uns derzeit nur an der Nordseeküste lebt, trifft man ihn bei Ebbe im Watt sowie an den Seen der Inseln und des küstennahen Festlands an. Der Löffler brütet in Kolonien, etwa in höher gelegenen Salzwiesen auf den ostfriesischen Inseln, gern in der Nähe von Reihern oder zusammen mit Großmöwen. Beide Eltern bauen nicht nur gemeinsam das große Nest, sondern wechseln sich auch beim Brüten der meist 3–5 Eier ab. Auch die Jungen werden von beiden Eltern bis zu 50 Tage lang im Nestbereich gefüttert. Die Vögel überwintern rund ums Mittelmeer.

BOTAURUS STELLARIS **J F M A M J J A S O N D**

Rohrdommel

Merkmale Bis zu 80 cm lang. **Braun-schwarz** gescheckt, Scheitel schwarz.

Vorkommen In ausgedehnten **Schilfgebieten** rund um größere Seen.

Biologie Mit ihrem braunen Gefieder ist die Rohrdommel perfekt an ihren Lebensraum im Schilf angepasst. Bei Gefahr streckt sie ihren plumpen Körper und hält ihren Schnabel senkrecht in die Höhe. In dieser **»Pfahlstellung«** verschmilzt sie optisch mit den Halmen. Nachts geht sie auf die Jagd nach Fischen und Fröschen. Während der Brutzeit ruft das Männchen mehrmals hintereinander »hu«, auch von verschiedenen Rufplätzen aus, meist in den Stunden um den Sonnenauf- und -untergang. Rohrdommelmännchen haben bis zu 5 Weibchen oder bleiben unverpaart; letztere lassen noch im Juni ihre balzenden Rufe ertönen. Wegen ihrer dumpfen »ü-prummp«-Töne wird die Rohrdommel auch **Moorochse** genannt. Im Winter lebt die Rohrdommel nicht ganz so versteckt; dann hält sie sich auch an offenen Gräben auf.

LÖFFLER

ROHRDOMMEL

ARDEA CINEREA J F M A M J J A S O N D

Graureiher

Merkmale Bis zu 98 cm lang. **Groß**, Beine und Hals lang. **Grau**, Kopf schwarz-weiß. Schnabel kräftig, gelb. Im Flug Hals angelegt.

Vorkommen An **flachen Gewässern**, im offenen **Kulturland**.

Biologie Regungslos verharrend lauert der Graureiher auf seine Beute. Das sind Fische und Frösche in den Gewässern oder Mäuse und Würmer auf Wiesen und Feldern. Blitzschnell packt er das Beutetier mit seinem Schnabel und verschlingt es kopfvoran im Ganzen. Seinen Horst aus Ästen und Zweigen baut der in Kolonien brütende Graureiher in den Bäumen. Immer öfter tauchen diese häufigsten Reiher Europas in Zoos, an Park- und Gartenteichen auf. Nachweislich richten sie aber nur an unnatürlichen Gewässern Schäden durch übermäßiges Fischen an.

CASMERODIUS ALBUS J F M A M J J A S O N D

Silberreiher

Merkmale Bis zu 100 cm lang. **Groß**, schlank, Beine und Hals lang. **Weiß**, **Schnabel gelb**, Beine dunkel.

Vorkommen Auf **Wiesen und Feldern**, in flachem Wasser. Brütet im Schilf oder auf Bäumen in Wassernähe.

Biologie Früher trat der Silberreiher trotz seines fast weltweiten Vorkommens bei uns nur selten auf. Heutzutage kann man ihn das ganze Jahr über antreffen, allerdings wesentlich häufiger im Winterhalbjahr. Dann streunt er auch abseits seiner im südöstlichen Europa gelegenen Brutgebiete herum. Es ist damit zu rechnen, dass der Silberreiher auch in den ausgedehnten Schilfgebieten süddeutscher Seen brüten wird.

GRUS GRUS J F M A M J J A S O N D

Kranich

Merkmale Bis zu 120 cm lang. **Groß**, Beine und Hals sehr lang, hinten **buschige Schmuckfedern**. **Grau**, Kopf schwarz-weiß mit rotem Stirnfleck. Jungvögel nur grau.

Vorkommen Auf **Feldern**, **Wiesen**. Brütet in Mooren, Sümpfen.

Biologie Der Kranich ist einer der **größten heimischen Vögel**. Am meisten fällt er auf, wenn er im keilförmigen V-Flug größere Distanzen zu den im Norden gelegenen Brut- oder den südlichen Wintergebieten überwindet. Markant sind die schmetternden Balzrufe, spektakulär das Treiben während des Zugs an den Schlafplätzen, an denen sich Tausende Vögel versammeln. Kranichpaare bleiben das ganze Leben beisammen. Auch die Jungen fliegen im ersten Winter gemeinsam mit den Eltern.

GRAUREIHER

SILBERREIHER

KRANICH, ALTVÖGEL UND JUNGVOGEL

CICONIA CICONIA J F **M A M J J A S** O N D

Weißstorch

Merkmale Bis zu 110 cm lang. **Groß**, Beine lang, rot. **Weiß**, Flügel schwarz-weiß, Schnabel rot. Im Flug Hals ausgestreckt.

Vorkommen Auf **feuchten Wiesen und Feldern**. Brütet in Bäumen und menschlichen Siedlungen (Hausdächer).

Biologie Heutzutage bewohnt der bekannte Weißstorch bei uns ausschließlich menschliche Siedlungen. Die Vögel bauen ihre **wagenradgroßen Horste** aus Ästen und Zweigen, die jedes Jahr erneut benutzt werden, auf Schornsteinen, Kirchtürmen, Nisthilfen und Laubbäumen. Weißstörche brüten gern in Kolonien. Nach der Rückkehr aus dem Wintergebiet treffen sich die Paare im Frühjahr in den Nestern. Zur Begrüßung werfen sie dabei den Kopf nach hinten und klappern laut mit den Schnäbeln. Abwechselnd brüten die Elternvögel rund einen Monat lang, bis die Jungen Mitte April/Anfang Mai schlüpfen. In nasskalten Frühjahren sterben viele Junge. Nach rund 2 Monaten sind die Jungen flügge und begleiten die Eltern bei der Nahrungssuche. Sie werden noch weitere 2–3 Wochen gefüttert. Die Weißstörche ernähren sich von Fröschen, Würmern, großen Insekten, Mäusen und Schlangen, die sie auf den Wiesen und Feldern rund um die Siedlungen erbeuten.

Vor über 50 Jahren war der Weißstorch bei uns sehr selten geworden, denn wegen der Entwässerung von Feuchtgebieten, der Stromleitungen und des Einsatzes von Insektiziden war seine Nahrung knapp geworden. Dank verschiedener **Zuchtprogramme** konnte der Bestand vermehrt werden. Mitte August ziehen zunächst die Jungvögel, dann die Elterntiere in die west- und südafrikanischen Wintergebiete. Dort, wo Störche gefüttert werden, bleiben sie den Winter bei uns.

CICONIA NIGRA J F M **A M J J A S O** N D

Schwarzstorch

Merkmale Bis zu 100 cm lang. **Groß**, Beine lang, rot. **Schwarz**, Bauch weiß, Schnabel rot. Im Flug Hals ausgestreckt.

Vorkommen In alten, **naturnahen Wäldern** mit Feuchtgebieten.

Biologie Der scheue Schwarzstorch ist viel seltener als der Weißstorch. Zudem lebt er versteckt in ausgedehnten Laub- und Mischwäldern. Sein großes Nest legt er in lichtungsnahen, alten Bäumen an. In Mittelgebirgen sowie in südlicheren Brutgebieten brütet er auch auf Felsvorsprüngen. Beide Eltern kümmern sich um den Nachwuchs. Seine Nahrung (Fische und Frösche) erbeutet dieser Storch in versteckt liegenden Tümpeln, Bächen und Sümpfen. Wie der Weißstorch kann er hervorragend segeln. Den Winter verbringt er im tropischen West- und Ostafrika.

WEISSSTORCH, KLAPPERND MIT JUNGEN

SCHWARZSTORCH

GYPS FULVUS

J F M A **M J J A S** O N D

Gänsegeier

Merkmale Bis zu 105 cm lang. **Groß**. Hell- und dunkelbraun. Hals lang, weißlich befiedert mit **weißer Krause**.

Vorkommen Seltener **Sommergast** in den **Alpen**.

Biologie Der Gänsegeier ist der **häufigste Geier Europas**. So hat sich etwa bei Berchtesgaden eine halbwilde Kolonie niedergelassen, die vom Salzburger Zoo abhängig ist. Wilde Geier erheben sich nach Sonnenaufgang in die Luft und halten, in der Thermik segelnd, Ausschau nach verendeten Tieren. Da sie auch genau beobachten, was andere kreisende Geier tun, versammeln sich recht schnell mehrere Geier am Aas. Mit den nackten Köpfen tauchen sie tief in den blutigen Leib ein und reißen Stücke heraus.

GYPAETUS BARBATUS

J F M A M J J A S O N D

Bartgeier

Merkmale Bis zu 115 cm lang. **Sehr groß**. Schiefergrau, Bauch und Kopf hell, Kopf mit **schwarzem »Bart«** und ohne nackte Hautstellen.

Vorkommen In stark zerklüfteten Hochgebirgen wie den **Alpen**.

Biologie Mit einer Spannweite von bis zu 280 cm ist der Bartgeier viel größer als ein Steinadler. Fliegend sucht er nach frischtoten Tieren, deren Fleisch und Knochen er verzehrt. Größere Knochen lässt er aus der Höhe fallen, damit sie zersplittern. Das riesige Nest liegt in einer unzugänglichen, steilen Felswand. In den Alpen gibt es seit 1986 ein Wiederansiedlungsprogramm; derzeit leben dort über 130 Bartgeier.

PANDION HALIAETUS

J F M **A M J J A S** O N D

Fischadler

Merkmale Bis zu 58 cm lang. Dunkelbraun, Unterseite weiß, **Kopf weiß mit braunem Wangenstreifen**, Brust bräunlich.

Vorkommen An klaren, **fischreichen Seen** und größeren Flüssen.

Biologie Weil der Fischadler als »sehr gefährlicher Fischräuber« verschrien war und im großen Stil, sogar gegen Belohnung, gejagt wurde, war er bei uns so gut wie ausgerottet. Heute gehört er zu den besonders geschützten Arten – und seine Bestände erholen sich langsam. Der Fischadler stürzt sich aus dem Rüttelflug oder von einer Warte aus mit bis zu 70 km/h ins Wasser. Er erbeutet bis zu 500 g schwere Fische, die er fliegend abtransportiert. Schon im August/September zieht er nach Westafrika, wo er den Winter verbringt.

GÄNSEGEIER

BARTGEIER

FISCHADLER

HALIAEETUS ALBICILLA

J F M A M J J A S O N D

Seeadler

Merkmale Bis zu 92 cm lang. Braun, **Schwanz weiß**. Jugendkleid nur braun. Im Flug gefingerte, **brettartige Flügel**.

Vorkommen Ausgedehnte **Waldgebiete mit Seen** und Flüssen, an Küste.

Biologie Der Seeadler ist der **größte heimische Greifvogel**. Erst im 5. Lebensjahr ist er erwachsen, hat dann auch helle Gefiederpartien und beginnt mit der Brut. Im Frühjahr zeigen die Adler mit hellen Rufen begleitete Balzflüge in ihrem Revier. Das 1 m große Nest bauen sie in einem alten Baum oder in Felsklippen. Der Seeadler fliegt in geringer Höhe, erbeutet große Fische, Enten und Blässhühner, im Winter auch Aas. Ihm erging es genauso wie dem Fischadler (siehe S. 40). Dank besonderer Schutzmaßnahmen gibt es heute in Schleswig-Holstein wieder brütende Paare.

CIRCAETUS GALLICUS

J F M A M J J A S O N D

Schlangenadler

Merkmale Bis zu 67 cm lang. **Großer Kopf**, **Iris gelb**. Braun, Brust dunkel, Bauch hell gefleckt.

Vorkommen In **schlangenreichen Landschaften** mit Wäldern und offenen, trockenen Wiesen, Brachland, auch in Gebirgen.

Biologie Obwohl Schlangenadler in einigen Bundesländern während der Brutzeit beobachtet werden, gibt es seit 35 Jahren keinen Nachweis für brütende Paare. Er ernährt sich von Schlangen, seltener von Eidechsen, Blindschleichen, Fröschen und kleinen Säugetieren. Den Winter verbringt er in der Sahelzone Afrikas.

AQUILA CHRYSAETOS

J F M A M J J A S O N D

Steinadler

Merkmale Bis zu 90 cm lang. Dunkelbraun, Kopf auch heller, **Flügelvorderrand goldbraun**. Jungvogel mit Weiß in Flügel und Schwanz.

Vorkommen In **Gebirgen**.

Biologie Der Steinadler ist ein typischer Greifvogel der Alpen, dessen Bestände sich dank Schutzmaßnahmen langsam erholen. Während der Balz zeigen die Paare, die zeitlebens zusammen bleiben, spektakuläre Sturzflüge. Bei der Jagd gleiten Steinadler meist paarweise mit ausgebreiteten Flügeln (Spannweite bis zu 2,2m) in geringem Abstand über die Hänge. Aus 1 km Distanz können sie ein Murmeltier wahrnehmen, erbeuten auch junge Gämsen und Schafe, im Winter auch Aas. Adlerpaare besitzen meist 2 oder 3 Horste in steilen Felswänden, die abwechselnd benutzt und im Lauf der Jahre meterhoch werden.

SEEADLER

SCHLANGENADLER

STEINADLER

PERNIS APIVORUS J F M A **M J J A S** O N D

Wespenbussard

Merkmale Bis zu 60 cm lang. Braun, Unterseite hell, dunkel gefleckt. **Kopf grau**, schlank. Färbung sehr variabel.

Vorkommen In abwechslungsreichen Landschaften mit **Wald**.

Biologie Der Wespenbussard sieht wie ein schlanker Mäusebussard aus, obwohl er zu einer anderen Gattung als dieser gehört. Als Nahrungsspezialist lauert er Wespen, Hummeln und Bienen auf, die in ihr Nest fliegen. Dann gräbt er die Insekten und ihre Larven mit Schnabel und Krallen aus dem Boden aus. Seine Jungen versorgt er mit den Waben. Den Winter verbringt der Wespenbussard im südlichen Afrika.

CIRCUS AERUGINOSUS J F **M A M J J A S O** N D

Rohrweihe

Merkmale Bis zu 55 cm lang. Braun. Männchen Flügel braun-grau-schwarz, **Schwanz grau**. Weibchen Schulter, Scheitel und Kehle **gelblich**.

Vorkommen An **schilfbestandenen Seen** und Flüssen, Wiesen, Feldern.

Biologie Die etwa bussardgroße Rohrweihe ist bei uns die häufigste Weihe, die man am gaukelnden Flug mit den schlanken, flach V-förmig gehaltenen Flügeln und dem langen Schwanz erkennt. Wenn sie über offenen Wasserflächen oder Wiesen nach Fischen, Fröschen oder Mäusen jagt, macht sie immer wieder überraschende Wendungen. Schon kurz nach der Rückkehr aus den nordafrikanischen Überwinterungsgebieten zeigt die balzende Rohrweihe akrobatische Flugspiele am Himmel, die von kiebitzähnlichen Rufen begleitet werden.

CIRCUS PYGARGUS J F M **A M J J A S** O N D

Wiesenweihe

Merkmale Bis zu 47 cm lang. **Männchen grau**, **Flügelbinde schwarz**, Unterseite hell. Weibchen braun. Jugendkleid Unterseite rostbraun.

Vorkommen In Feuchtgebieten und **Flussauen mit Feldern**.

Biologie Im Flug ähnelt die schlanke Wiesenweihe eher einer Möwe oder Seeschwalbe als einem Greifvogel. Das Männchen zeigt im Frühjahr auffällige Balzflüge in der Nähe des Nestes, das am Boden versteckt zwischen dichten Pflanzen liegt. Während das Weibchen brütet, wird es vom Männchen mit Mäusen, kleinen Vögeln und anderer Beute versorgt. Wiesenweihen überwintern in Afrika. Die ähnliche, gleich große **Kornweihe** *(C. cyaneus)* ist kräftiger gebaut.

WESPENBUSSARD

ROHRWEIHE, ♂

WIESENWEIHE, ♂

WIESENWEIHE, ♀

ACCIPITER GENTILIS

J F M A M J J A S O N D

Habicht

Merkmale Bis zu 62 cm. Männchen so groß wie Sperberweibchen, aber viel kräftiger. Weibchen bussardgroß. Schwarzbraun, Unterseite hell, dunkel gebändert, **Überaugenstreifen hell**.

Vorkommen **Wälder mit Lichtungen**, offenes Kulturland.

Biologie Der Habicht ist ein heimlicher Jäger, der sich nur selten zeigt. Das kräftige Weibchen ist sehr viel größer als das Männchen. Daher machen sie sich keine Konkurrenz bei der Jagd: Männchen erbeuten in kurzem, rasantem Flug meist Drosseln, Tauben, Eichelhäher und Eichhörnchen, Weibchen auch große Hühnervögel (früherer Name: Hühnerhabicht). Habichte brauchen ein großes Revier mit bis zu 5000 Hektar Fläche. Ihr Nest bauen sie in alten Bäumen.

ACCIPITER NISUS

J F M A M J J A S O N D

Sperber

Merkmale Bis zu 41 cm lang. **Männchen taubengroß**, blaugrau, Unterseite weiß-rostrot gebändert. **Weibchen viel größer**, graubraun, Unterseite weißlich-schwarz gebändert.

Vorkommen In **Wäldern**, Feldgehölzen, Parks, auf Friedhöfen.

Biologie Sperber sind ausgesprochen schnelle, wendige Kleinvogeljäger, die bis zu drosselgroße Vögel auch in dichtem Gebüsch überraschen und überwältigen. Daher reagieren viele Kleinvögel auf sperberähnliche Silhouetten, wie sie auch fliegende Türkentauben oder Kuckucke zeigen, mit lauten Warnrufen. Heute ziehen Sperber vermehrt auch in Siedlungsbereiche und sind überall anzutreffen, wo es Büsche und Bäume als Deckung für die Jagd und das Nest gibt.

MILVUS MIGRANS

J F M A M J J A S O N D

Schwarzmilan

Merkmale Bis zu 60 cm lang. Schwarzbraun, Unterseite braunrot, Kopf graubraun. **Schwanz wenig gegabelt**.

Vorkommen In **offener Landschaft** mit Baumbestand und **Gewässern**.

Biologie Der Schwarzmilan sucht Gewässer und deren Uferbereiche nach toten Fischen ab, die seine Hauptnahrung sind. Er erbeutet aber auch oberflächennah schwimmende Fische sowie kleine Vögel, Mäuse und Aas. Daher trifft man ihn auch mit Möwen und Krähen an Straßenrändern und Müllhalden an. Der Schwarzmilan ist der Greifvogel mit dem weltweit größten Verbreitungsgebiet, das sich von Europa über Ostasien bis nach Australien erstreckt. Die hiesigen Vögel verbringen den Winter in Afrika.

HABICHT, ♂

SPERBER, ♂

SPERBER, ♀

SCHWARZMILAN

MILVUS MILVUS — J F M A M J J A S O N D

Rotmilan

Merkmale Bis zu 72 cm lang. Dunkelrotbraun, Unterseite heller, Kopf graubraun. **Schwanz tief gegabelt**, rotbraun.

Vorkommen In abwechslungsreicher, **offener Landschaft mit Wäldern**.

Biologie Wegen seines tief gegabelten Schwanzes wurde der Rotmilan auch **Gabelweihe** genannt. Nach Stein- und Seeadler ist er der größte heimische Greifvogel. Man sieht ihn oft stundenlang über Feldern, Wiesen und Äckern kreisen und nach Mäusen, jungen Hasen und anderen Beutetieren Ausschau halten. Im Frühjahr fallen balzende Paare durch rasante Sturzflüge auf. Der Rotmilan brütet in recht kleinen Nestern, die er mit Erde, Stofffetzen und weichen Materialien auspolstert.

BUTEO BUTEO — J F M A M J J A S O N D

Mäusebussard

Merkmale Bis zu 57 cm lang. Meist braun, aber **sehr variabel** von fast weiß über gescheckt bis fast schwarz. Kopf und Hals breit, **Schwanz kurz**.

Vorkommen In **offenen Landschaften** mit Wald oder Gehölzen aller Art.

Biologie Der Mäusebussard ist der **häufigste Greifvogel**, den man bei uns sehen kann. Er kreist mit lauten, miauenden **»hijäh«-Rufen** über Feldern, Wiesen und Feuchtgebieten, lauert am Straßenrand auf Straßenlampen oder aufgestellten Sitzstangen sitzend auf überfahrene Tiere oder jagt sogar zu Fuß Mäuse. Mäusebussarde bleiben lebenslang mit einem festen Partner zusammen. Sie bauen das große Nest in Bäumen, auch in Strommasten. Das Weibchen brütet, während das Männchen seine Partnerin und anfangs auch allein die Jungen mit Nahrung versorgt.

BUTEO LAGOPUS — **J F M A** M J J A S **O N D**

Raufußbussard

Merkmale Bis zu 59 cm lang. Braun-weiß gemustert, Kopf hell. **Fuß befiedert**, außer Zehen.

Vorkommen **Wintergast** in offenen Landschaften, Wiesen.

Biologie Besonders in Norddeutschland fliegen im Winter immer wieder Raufußbussarde aus Skandinavien ein, die zuweilen dem Mäusebussard recht ähnlich sehen. In seiner Heimat ernährt sich der Raufußbussard hauptsächlich von Lemmingen und Wühlmäusen, an deren Bestand er seine Brut anpasst: In guten Mäusejahren legt er viele Eier, in schlechten fällt die Brut aus. Bei der Jagd bleibt er oft rüttelnd in der Luft stehen.

ROTMILAN

MÄUSEBUSSARD

RAUFUSSBUSSARD

FALCO TINNUNCULUS

J F M A M J J A S O N D

Turmfalke

Merkmale Bis zu 37 cm lang. **Rotbraun** mit schwarzen Flecken, Unterseite hell. Kopf und Schwanz Männchen grau.

Vorkommen In **offener Landschaft**, Feldgehölzen, **Städten**.

Biologie Am Straßenrand kann man häufig Turmfalken bei der Jagd beobachten. Weil sie dabei immer wieder mit schnellen Flügelschlägen rüttelnd in der Luft stehen und nach Mäusen spähen, werden sie auch **Rüttelfalke** genannt. Die schrillen »ki-ki-ki«-Rufe hört man meist nur im Frühjahr, wenn die Vögel balzen. Turmfalken nisten in verlassenen Krähennestern, Felsspalten, Kirchtürmen und Nistkästen. Während nur das Weibchen brütet, versorgt überwiegend das Männchen die Jungen mit Nahrung. Dank 15 Halswirbeln können Falken ihren Kopf um 180° drehen und haben so ein sehr großes Gesichtsfeld.

FALCO SUBBUTEO

J F M **A M J J A S O** N D

Baumfalke

Merkmale Bis zu 35 cm lang. Schwarzgrau, Unterseite weiß-schwarz, **»Hosen« rostrot**, Kopf grau-weiß gemustert.

Vorkommen In **insektenreichen Waldlandschaften** mit Feuchtgebieten.

Biologie Der Baumfalke ist ein rasanter Luftjäger, der neben Vögeln auch Libellen und andere fliegende Insekten erbeutet. Auf der Jagd nach Schwalben und Mauerseglern kommt er bisweilen auch in Siedlungen. Bei uns brütet er oft erst im Sommer, gern in alten Krähen-, Elstern- oder sogar Reihernestern. Als Weitstreckenflieger überwintern Baumfalken südlich der Sahara.

FALCO PEREGRINUS

J F M A M J J A S O N D

Wanderfalke

Merkmale Bis zu 48 cm lang. **Schiefergrau**, Unterseite hell.

Vorkommen In **offenen Landschaften** mit Felsen, **Städten**, an Felsküsten.

Biologie Nachdem bei uns die Wanderfalken selten geworden waren, kann man sie heutzutage wieder häufiger sehen: Sie haben die Gebäude der Städte und Industriegebiete als Ersatzfelsen zum Nisten und Straßentauben als Nahrung entdeckt. Der Wanderfalke hält mehrere Rekorde: Er kommt fast auf der ganzen Erde vor und erreicht im senkrechten Sturzflug mit angelegten Flügeln Geschwindigkeiten von über 300 km/h. Diese rasanten Flüge gehören zu seinem Jagdverhalten: In großen Höhen kreisend stürzt er sich auf einen unter ihm fliegenden Vogel und versetzt ihm einen solch heftigen Stoß, das dieser abstürzt.

TURMFALKE, ♂

TURMFALKE, ♀

BAUMFALKE

WANDERFALKE

RALLUS AQUATICUS — J F M A M J J A S O N D

Wasserralle

Merkmale Bis zu 26 cm lang. Olivbraun, Unterseite grau. **Schnabel rot**, **lang**, leicht nach unten gebogen.

Vorkommen In Schilfbeständen an Gewässerufern.

Biologie Die Wasserralle lebt meist sehr versteckt im dichten Schilf, durch das sie dank ihrer langen Zehen gut klettern kann. Auch das überdachte Nest liegt mitten im Röhricht. Am auffälligsten sind die ferkelartigen **»quiik«-Rufe**. In kalten Wintern kann man diese Rallen am ehesten entdecken, wenn sie die zugefrorenen Gewässerufer verlassen.

CREX CREX — J F M A **M J J A S** O N D

Wachtelkönig

Merkmale Bis zu 25 cm lang. **Rebhuhnähnlich**, aber kleiner. Gelblichbraun gemustert, Kopfseiten und Brust grau.

Vorkommen In dicht bewachsenen **Feuchtwiesen**, Mooren.

Biologie Auch den amselgroßen Wachtelkönig sieht man nur selten. Nächtelange, laute, monotone **»ärp-ärp«-Rufe**. Den Winter verbringt er südlich der Sahara.

GALLINULA CHLOROPUS — J F M A M J J A S O N D

Teichhuhn

Merkmale Bis zu 32 cm lang. Schwärzlich. **Stirn rot**, **Schnabel rot mit gelber Spitze**, Beine und lange Zehen grünlich.

Vorkommen Stehende und langsam fließende **Gewässer**.

Biologie Das Teichhuhn kommt mittlerweile auch häufig an Park- und Stadtteichen vor. Dort sucht es am Ufer nach tierischer und pflanzlicher Nahrung und verschwindet bei Störung zwischen den Uferpflanzen, wo es auch sein Nest baut. Beim Schwimmen nickt es mit dem Kopf.

FULICA ATRA — J F M A M J J A S O N D

Blässhuhn

Merkmale Bis zu 39 cm lang. **Schwarz**. **Stirn, Schnabel weiß**.

Vorkommen An **Teichen**, Seen, langsam fließenden Flüssen.

Biologie Das Blässhuhn ist neben Stockenten der häufigste Vogel an Stadt- und Parkteichen. Im Winter sammeln sich dort viele dieser Rallen, im Sommer zur Brut und Aufzucht der rotköpfigen Jungen bleiben die Paare beisammen. Blässhühner können gut tauchen, müssen aber wegen ihrer kurzen Flügel zum Auffliegen Anlauf auf der Wasseroberfläche nehmen.

WASSERRALLE

WACHTELKÖNIG

TEICHHUHN MIT JUNGEM

BLÄSSHUHN

HAEMATOPUS OSTRALEGUS — J F M A M J J A S O N D (A M J J A)

Austernfischer

Merkmale Bis zu 44 cm lang. **Schwarz-weiß**, Schnabel und Beine **rot**.

Vorkommen An **Nord- und Ostseestränden**, Watt, Wiesen.

Biologie Wegen seiner Färbung wird der Austernfischer auch »Halligstorch« genannt. Seine lauten **»kliep-kliep«-Rufe** sind sehr weit zu hören. Im Sommer verteidigen die brütenden Paare das Revier um die karge Nestmulde mit lärmendem Trillern gegen Nachbarn und revierlose Austernfischer, im Winter bilden die Vögel große Schwärme. Von den Eltern lernen die Jungen, wie man mit dem Schnabel Muscheln öffnet – manche hämmern dazu auf die Muscheln, andere brechen die Schalenhälften auf. Auf Wiesen erbeuten Austernfischer gern Regenwürmer.

RECURVIROSTRA AVOSETTA — J F M A M J J A S O N D (A M J J A)

Säbelschnäbler

Merkmale Bis zu 45 cm lang. **Weiß-schwarz**. **Schnabel lang**, aufgeworfen, schwarz. **Beine sehr lang**, blaugrau.

Vorkommen **Nord- und Ostsee**, Watt, Salzwiesen.

Biologie Der Säbelschnäbler ist ein auffälliger Watvogel, der klangvoll »plütt« ruft. Mit seinem deutlich nach oben gebogenen Schnabel fährt er seitwärts wie mit einem Säbel durch feinen Schlick oder flaches Wasser. Dabei erbeutet er Ringelwürmer, kleine Krebse und andere kleine Wassertiere. Säbelschnäbler brüten gern in kleinen Kolonien. Ihr Nest ist eine einfache Mulde im Boden; die Jungen können sofort nach dem Schlüpfen schwimmen. Im Herbst ziehen die Vögel nach Nordafrika.

VANELLUS VANELLUS — J F M A M J J A S O N D (M A M J J)

Kiebitz

Merkmale Bis zu 31 cm lang. **Grün schillernd**, Unterseite weiß, Brust und Kehle schwarz. Kopf schwarz-weiß mit langer **Federhaube** (= Holle).

Vorkommen Auf **Wiesen**, **Feldern**, in Feuchtwiesen, Sümpfen.

Biologie Der Kiebitz brütete früher in ausgedehnten Riedlandschaften, die aber trocken gelegt wurden. An diese veränderten Lebensbedingungen konnte sich der Kiebitz anpassen, der heute mit mäßigem Erfolg auf Wiesen und Feldern nistet. Im Frühjahr zeigen die balzenden Männchen akrobatische Flugeinlagen, bei denen sie sich aus großen Höhen scheinbar haltlos abstürzen lassen und sich erst kurz über dem Boden abfangen. Dazu rufen sie laut **»kie-wit«**. Aus einigen vom Männchen gebauten Bodenmulden sucht sich das Weibchen eine zum Nisten aus.

AUSTERNFISCHER

SÄBELSCHNÄBLER

KIEBITZ

CHARADRIUS DUBIUS J F **M A M J J A S O** N D

Flussregenpfeifer

Merkmale Bis zu 16 cm lang. Braun, unten weiß, **Beine hell**, Kopf schwarz-weiß-braun, **Schnabel schwarz**, **Augenring gelb**.

Vorkommen An **wenig bewachsenen Ufern** von Seen, Kies- und Sandgruben, Flüssen, auch auf Großbaustellen.

Biologie Auf den pflanzenarmen Flächen ist der spatzengroße, gut getarnte Flussregenpfeifer kaum auszumachen. Bei der Suche nach kleinen Land- und Wasserinsekten trippelt er so schnell, dass man seine Beine nicht erkennen kann. Jäh bleibt er stehen, schaut und hört nach Beutetieren, pickt kurz und trippelt weiter. Die bis zu 4 Eier liegen wie kleine Steine in einer Bodenmulde. Bei Gefahr stellen sich Eltern krank und locken Nesträuber vom Nest weg. Dieser Vogel überwintert in Afrika. Ähnlich ist der nur an der Küste brütende **Sandregenpfeifer** *(C. hiaticula)*.

PLUVIALIS APRICARIA **J F M A M J J A S O N D**

Goldregenpfeifer

Merkmale Bis zu 29 cm lang. Im Brutkleid goldbraun gefleckt, Unterseite schwarz, dazwischen weiß. Im Winter **braun gefleckt**.

Vorkommen Brütet in großen Mooren. **Wintergast an der Nordsee** auf Watt, Feldern und Wiesen.

Biologie Bis auf wenige Brutpaare brüten bei uns keine Goldregenpfeifer mehr, denn durch den Abbau der Moore wurden seine Brutplätze vernichtet. Heute muss man zu den nordischen Mooren reisen, um die wehmütigen »dü-di-u«-Brutgesänge zu hören. Von Herbst bis Frühjahr überwintern sie oft in großen Schwärmen an den Küsten von Nordsee, Atlantik und Mittelmeer.

CALIDRIS CANUTUS **J F M A M J J A S O N D**

Knutt (Island-Strandläufer)

Merkmale Bis zu 25 cm lang. Im Winterkleid **grau**. Im Brutkleid grau-braun-schwarz, Unterseite **rostrot**.

Vorkommen Im **Wattenmeer** der Nordsee.

Biologie Knutts brüten in der insektenreichen Tundra. Dennoch verbleiben auch im Sommer einige im Wattenmeer. Zur Zugzeit im Mai/Juni und August/September rasten dort auf dem Weg in die Überwinterungsgebiete am Atlantik und Mittelmeer riesige Schwärme dieser amselgroßen Vögel, die am Himmel ovale Wolken bilden. Da alle Vögel stets in dieselbe Richtung fliegen, wechseln die Schwärme schlagartig ihre Farben von Weiß nach Silbergrau oder Rostrot (im Brutkleid). Auch im Winter sind einige Knutts im Wattenmeer, wo sie sich vor allem von kleinen Muscheln ernähren.

FLUSSREGENPFEIFER

GOLDREGENPFEIFER, BRUTKLEID

KNUTT, BRUTKLEID

CALIDRIS MINUTA J F M **A M** J **J A S O** N D

Zwergstrandläufer

Merkmale Bis zu 14 cm lang. Im Brutkleid rötlich-braun, im Winterkleid graubraun. Unterseite weiß, Beine schwarz.

Vorkommen An der **Nord- und Ostseeküste** auf dem Durchzug.

Biologie **Den kleinsten Watvogel Mitteleuropas** übersieht man leicht in den Schwärmen anderer Watvögel, die sich im Frühjahr und Herbst an unseren Küsten aufhalten. Dort rasten diese Strandläufer auf ihrem Weg zwischen den Brutgebieten an den Nordpolarmeerküsten und den Wintergebieten in Südeuropa und Afrika. Nur das Männchen brütet und betreut die Jungen, denn sonst könnte das Weibchen nicht genügend Energiereserven für den anstrengenden Flug in den Süden aufbauen.

CALIDRIS ALPINA **J F M A M J J A S O N D**

Alpenstrandläufer

Merkmale Bis zu 19 cm lang. Schnabel schwarz, leicht nach unten gebogen. Im Sommer Rücken rostbraun-schwarz gemustert, **Bauch schwarz**. Im Winter graubraun, Bauch weiß.

Vorkommen An der **Nord- und Ostsee** im Watt, an Stränden und Seen.

Biologie Der Alpenstrandläufer ist trotz seines irreführenden Namens der häufigste Vogel an unseren Küsten: Allein im Herbst rasten dort bis zu einer Million Vögel. Sie stochern mit dem tastempfindlichen Schnabel tief im weichen Boden nach Würmern, Krebsen und Schnecken. Dabei bewegen sie ihren Kopf ruckartig auf und ab. Haben sie ein Beutetier ertastet, ergreifen sie es mit dem Schnabel wie mit einer Pinzette. Wie viele Watvögel haben Alpenstrandläufer keinen Tag-Nacht-Rhythmus, sondern gehen bei Ebbe auf Nahrungssuche und ruhen bei Flut.

CALIDRIS ALBA **J F M A M J J A S O N D**

Sanderling

Merkmale Bis zu 21 cm lang. Unterseite weiß. Im Winter Kopf und Rücken **hellgrau**, im Sommer rotbraun-schwarz gemustert.

Vorkommen An **Sandstränden**, im Sandwatt der **Nordsee**.

Biologie Die drosselgroßen Sanderlinge fallen an sandigen Stränden auf, denn sie rennen hastig am Rand der auf- und ablaufenden Wellen entlang. Dort picken sie kleine angespülte oder vom Meer freigelegte Wassertiere auf. Während im Sommer und Winter nur wenige Sanderlinge an der Nordseeküste verweilen, rasten dort viele auf dem Herbst- und Frühlingszug. Sanderlinge brüten in der Tundra.

ZWERGSTRANDLÄUFER

ALPENSTRANDLÄUFER

SANDERLING

PHILOMACHUS PUGNAX — J F **M A M J J A S O** N D
• • • •

Kampfläufer

Merkmale Bis zu 32 cm lang. Beine orange. Männchen dunkelbraun, Gesicht nackt, individueller **Federkragen weiß**, **orange bis schwarz**. Im Winterkleid wie Weibchen bräunlich, Bauch hell.

Vorkommen Auf **küstennahen Feuchtwiesen**, in flachen Gewässern.

Biologie Im Frühjahr bieten Kampfläufer ein großes Spektakel, wenn sie sich auf ihren Balzplätzen treffen: Die Männchen tragen ihre großen bunten Federkrägen bei Schein- und tatsächlichen Kämpfen zur Schau, wobei die Verhältnisse zueinander undurchschaubar sind. Die kleineren Weibchen paaren sich meist mit den siegreichen Männchen und kümmern sich dann allein um den Nachwuchs. Kampfläufer suchen im flachen Wasser nach Kleintieren. Sie überwintern im südlichen Afrika.

GALLINAGO GALLINAGO — **J F M A M J J A S O N D**
• • • • •

Bekassine

Merkmale Bis zu 27 cm lang. **Schnabel lang**, **gerade**. Braunschwarz mit gelben Längsstreifen, Bauch weiß.

Vorkommen In **Feuchtwiesen**, Mooren, Sümpfen, auch an schlammigen Gewässerufern.

Biologie Mit ihrem langen, tastempfindlichen Schnabel stochert die Bekassine im Schlamm nach Würmern. Wird sie gestört, fliegt sie oft erst im letzten Moment plötzlich auf. Diese Schnepfenvögel werden auch **Himmelsziegen** genannt, weil sie bei ihren Balzflügen im Frühjahr »meckern«. Diese Schwingungsgeräusche entstehen, wenn das Männchen beim Abgleiten die äußeren Schwanzfedern abwinkelt.

NUMENIUS ARQUATA — **J F M A M J J A S O N D**
• • • • •

Großer Brachvogel

Merkmale Bis zu 57 cm lang. **Schnabel sehr lang**, **abwärts gebogen**, Beine lang. Braun gemustert.

Vorkommen Auf **Feuchtwiesen**, in Mooren, Sümpfen, **Watt**.

Biologie Der hühnergroße Brachvogel ist der **größte Watvogel** Europas. Wie alle Wiesenbrüter ist auch er am ärgsten von der Intensivierung der Landwirtschaft betroffen und gehört zu den vom Aussterben bedrohten Arten. Viele Eier und Jungen sterben beim Mähen, durch Güllefahrten oder ahnungslose Spaziergänger mit Hunden. Außerhalb der Brutzeit versammeln sich große Gruppen von Brachvögeln im Watt, wo sie den Boden nach Würmern, Muscheln und Krebsen abstochern.

KAMPFLÄUFER, ♂

KAMPFLÄUFER, ♀

BEKASSINE

GROSSER BRACHVOGEL

SCOLOPAX RUSTICOLA — J F M A M J J A S O N D

Waldschnepfe

Merkmale Bis zu 35 cm lang. Braun gebändert. **Stirn steil**, Schnabel sehr lang, Augen groß.

Vorkommen In gebüschreichen, **feuchten Laub- und Mischwäldern**.

Biologie Die Waldschnepfe führt ein heimliches Dasein in strukturreichen Wäldern. Nur während der von März bis Juni dauernden Balzzeit fällt das Männchen auf: Dann ruft es in der Zeit um die Morgen- und Abenddämmerung mit froschähnlichen und einem schrillen »piks« endenden Lauten (»Schnepfenstrich« genannt) Weibchen herbei. Brüten und Jungenaufzucht erledigen die Weibchen allein. Bei Gefahr tragen sie ihre Jungen in ein nahegelegenes Gebüsch.

LIMOSA LIMOSA — J F **M A M J J A** S O N D

Uferschnepfe

Merkmale Bis zu 42 cm lang. **Schnabel lang**, orange mit schwarzer Spitze. Beine lang. Kopf, Hals und Brust **rostbraun**. Bauch hell gebändert.

Vorkommen Auf **Feuchtwiesen**, in Sümpfen, Mooren, an der Küste.

Biologie Uferschnepfen brüten bei uns hauptsächlich auf feuchten Wiesen. Dort stochern die Vögel nach Regenwürmern, Käfern und Heuschrecken, während sie an der Küste sogar bis zum Bauch im Wasser stehend Borstenwürmer, Muscheln und Schnecken erbeuten. Wenn die Jungen flügge sind, verlassen uns schon die ersten Uferschnepfen in Richtung Südeuropa und Westafrika, wo sie den Winter verbringen. Sehr ähnlich ist die **Pfuhlschnepfe** *(L. lapponica)*, ein Gast im Wattenmeer.

ARENARIA INTERPRES — J F M A M J J A S O N D

Steinwälzer

Merkmale Bis zu 24 cm lang. **Schnabel kurz**, **kräftig**. **Beine orange**. Orangebraun-schwarz gemustert, Unterseite weiß, Kopf und Hals schwarz-weiß. Im Winterkleid ohne Orangetöne.

Vorkommen An **steinigen Küsten**, Stränden und im Watt.

Biologie Der Art und Weise, wie der amselgroße Steinwälzer seine Nahrung findet, verdankt er seinen Namen: Er dreht Steine, Muschelschalen und Pflanzenbüschel um und pickt die darunter versteckten Insekten, kleinen Krebse und anderen Kleintiere auf. Die meisten Steinwälzer brüten in der küstennahen Tundra Skandinaviens und Nordamerikas, einige regelmäßig jedoch auch in Schleswig-Holstein.

WALDSCHNEPFE

UFERSCHNEPFE

STEINWÄLZER

TRINGA TOTANUS **J F M A M J J A S O N D**
(• under A M J J A)

Rotschenkel

Merkmale Bis zu 29 cm lang. **Beine rot**, lang. Schnabel **rot-schwarz**, lang. Im Brutkleid braun-weiß gefleckt.

Vorkommen In **Salzwiesen** der Nord- und Ostsee, im Watt.

Biologie Rotschenkel halten während der Brutzeit häufig auf erhöhten Plätzen (z. B. Zaunpfähle) Ausschau nach Nesträubern. Bei der geringsten Gefahr rufen sie warnend »kiff-kiff-kiff«. Ihre flötenden **»djüü«-Rufe** gehören zu den häufigsten Vogelstimmen der hiesigen Küsten. Wenn die Brutzeit vorbei ist, ziehen die Rotschenkel in die nahrungsreichen Wattgebiete. Dort erbeuten sie kleine Krebstiere und Würmer.

TRINGA NEBULARIA J F M **A M** J **J A S O** N D

Grünschenkel

Merkmale Bis zu 33 cm lang. Graubraun, Unterseite weiß. **Beine grünlich**, lang. Schnabel blaugrau, lang.

Vorkommen **Im Watt**, an flachen Stränden auf dem Durchzug.

Biologie Auf dem Weg zwischen seinem Brutgebiet im Norden Eurasiens und den Wintergebieten am Atlantik Südwesteuropas und im Mittelmeergebiet rastet der Grünschenkel im Wattenmeer. Dort findet er im flachen Wasser reichlich Kleintiernahrung. Vereinzelte Paare brüten bei uns, so etwa 1997 in Bayern.

ACTITIS HYPOLEUCOS J F M **A M J J A S O** N D
(• under A M J J)

Flussuferläufer

Merkmale Bis zu 21 cm lang. Graubraun, Bauch weiß.

Vorkommen An **klaren Flüssen** mit sandig-kiesigem Ufer.

Biologie Der Flussuferläufer lebt an naturnahen Flüssen. Er wippt wie eine Bachstelze ständig mit Schwanz und auch dem Kopf, wenn er am Wasserrand Kleintiere erbeutet. Beim niedrigen Flug über dem Wasser wechseln sich rasche Flügelschläge mit kurzen Gleitphasen ab.

TRINGA OCHROPUS **J F M A M J J A S O N D**
(• under A M J J)

Waldwasserläufer

Merkmale Bis zu 24 cm lang. **Braun**, **weiß gesprenkelt**.

Vorkommen In **Bruch- und Auwäldern**, an Gewässern.

Biologie Der starengroße Waldwasserläufer ist der einzige **baumbrütende Watvogel**. Die Männchen suchen verlassene Drosselnester aus. Beim Brüten wechseln sich die Eltern ab – nachts brütet er, tagsüber sie. Bei uns nur wenige Brutpaare.

ROTSCHENKEL

GRÜNSCHENKEL

FLUSSUFERLÄUFER

WALDWASSERLÄUFER

URIA AALGE J F M A M J J A S O N D

Trottellumme

Merkmale Bis zu 43 cm lang. Wie Pinguine **schwarz-weiß**.

Vorkommen An Felsküsten der Nordsee, **Helgoland**.

Biologie Trottellummen kommen nur zum Brüten an die Küste. Die restliche Zeit des Jahres verbringen sie fischend auf dem offenen Meer. Nur bei stürmischen Winden tauchen sie dann auch in Küstennähe auf. Im Frühjahr besetzen die in großen Kolonien brütenden Paare schmale Simse an den steilen Felshängen. Das einzige Ei kann wegen seiner konischen Form nicht ins Meer rollen. Lange bevor die Jungen flügge sind, locken die Eltern sie mit »orrrr«-Rufen bei Dämmerung ins Meer. Durch diesen gewagten »Lummensprung« in die Tiefe entkommen die Jungen räuberischen Großmöwen.

ALCA TORDA J F M A M J J A S O N D

Tordalk

Merkmale Bis zu 41 cm lang. **Schwarz-weiß**. **Schnabel kräftig**, eckig.

Vorkommen An Felsküsten der Nordsee, **Helgoland**.

Biologie Auch die Tordalke sind **Hochseevögel**, die auf dem offenen Meer überwintern. Als gewandte, schnelle Taucher erbeuten sie geschickt in bis zu 3 m Tiefe Sandaale, Lodden und andere Fische, auch Krebstiere, Muscheln und Würmer. Sie bewegen sich unter Wasser mit kräftigen Flügelschlägen fort und können bei der Verfolgung ihrer Beutetiere blitzschnell wenden. Dank der schwarz-weißen Färbung sind die Vögel perfekt von unten gegen den Himmel, von oben gegen das dunkle Meer getarnt. Zum Brüten mischen sich einige wenige Paare unter die Lummenkolonien auf Helgoland.

FULMARUS GLACIALIS J F M A M J J A S O N D

Eissturmvogel

Merkmale Bis zu 48 cm lang. Grau-weiß. **Schnabel mit Röhre**.

Vorkommen An Felsküsten der Nordsee, **Helgoland**.

Biologie An dem auffälligen Schnabel mit der Röhrennase erkennt man, dass der Eissturmvogel keine Möwe ist: Mit den hornigen Nasenröhren scheidet der auf hoher See lebende Vogel das Salz aus, das er beim Trinken von Meerwasser aufgenommen hat. Wie ein Albatros nutzt er die Kräfte des Windes und gleitet ohne Flügelschläge knapp über den Wellen dahin. Der Eissturmvogel ernährt sich von toten Fischen, die auf dem Meer treiben, erbeutet aber auch oberflächennahe Tintenfische und andere Meerestiere. Am ehesten sieht man ihn bei Schiffsreisen.

TROTTELLUMME

TORDALK

EISSTURMVOGEL

LARUS RIDIBUNDUS

J	F	M	A	M	J	J	A	S	O	N	D
			•	•	•	•					

Lachmöwe

Merkmale Bis zu 38 cm lang. Weiß, Flügel grau, Handschwingen schwarz, Beine und Schnabel rot. Im Sommer **Kopf schokoladenbraun**, im Winter weiß mit dunklem Fleck hinterm Auge. Jugendkleid fleckig braun-weiß, Beine fleischfarben.

Vorkommen An **Seen**, Teichen und der **Küste**, auf Feldern, an Schutthalden, in Stadtparks und Häfen.

Biologie Lachmöwen sind die kleinsten unter den häufigen Möwen. Sie halten sich auch weit entfernt von der Küste auf und brüten in ausgedehnten Kolonien am Ufer flacher Seen und Teiche, in denen es laut hergeht. Das Bodennest liegt meist zwischen Pflanzen, seltener auf nacktem Boden. Männchen und Weibchen wechseln sich beim Bebrüten der 2–3 Eier ab.

Ihre vielseitige tierische und pflanzliche Nahrung holen sie sich meist auf den umliegenden Feldern und Wiesen. Da Lachmöwen Regenwürmer bevorzugen, folgen sie häufig pflügenden Traktoren. Zudem picken sie Insekten und Larven (z. B. Stechmücken) von der Wasseroberfläche auf, erbeuten aber auch Insekten im Flug, an der Küste Ringelwürmer und Krebstiere. Weil sie auch im Winter in den menschlichen Siedlungen genügend Nahrung (Abfälle) finden, bleiben viele Lachmöwen auch dann bei uns.

LARUS ARGENTATUS

J	F	M	A	M	J	J	A	S	O	N	D
			•	•	•	•	•				

Silbermöwe

Merkmale Bis zu 66 cm lang. Weiß, Rücken und Flügeloberseite hellgrau, Flügelspitzen schwarz-weiß, Schnabel **gelb mit rotem Fleck** an der Spitze, **Beine fleischfarben**. Jugendkleid graubraun-weiß gefleckt.

Vorkommen An der **Küste überall**, auch an Seen und Flüssen, auf Feldern, Wiesen, Müllhalden.

Biologie Die Silbermöwe ist die typische Möwe unserer Küsten. Da sie sich den menschlichen Lebensräumen angeschlossen hat und das ganze Jahr über ausreichend Nahrung in Haus-, Fischerei- und Schlachtabfällen findet, hat sie sich in den letzten Jahrzehnten stark vermehrt. In manchen Küstenorten wird sie lästig und klaut z. B. Eiswaffeltüten aus der Hand. Um den Bestand an Silbermöwen zu reduzieren, hat sich das Abdecken offener Müllhalden bewährt. Diese robuste Großmöwe erbeutet Fische, Muscheln, Schnecken, Krebstiere, Seeigel und Seesterne. Zudem plündert sie die Nester (Eier, Junge) anderer Vögel. Silbermöwen nisten an flachen Stränden und in den Dünengebieten der Küste. Hartnäckig verteidigen sie Eier und Jungen mit Angriffen im Sturzflug. Wie bei allen Möwen tragen die Jungen mehrere Jahre ein bräunliches Jugendkleid, das in jedem Jahr dem Erwachsenenkleid ähnlicher wird.

LACHMÖWE, SOMMER

LACHMÖWE, WINTER

SILBERMÖWE

LARUS FUSCUS — J F M A M J J A S O N D (● A M J J A)

Heringsmöwe

Merkmale Bis zu 66 cm lang. Ähnlich Silbermöwe, aber Rücken und Flügeloberseite **grauschwarz**, **Beine gelb**.

Vorkommen An der **Nordseeküste**, auch an Seen.

Biologie Wie alle Großmöwen ernährt sich auch die Heringsmöwe von Fischen (die sie stoßtauchend erbeutet), Würmern, Insekten, Aas und Fischabfällen. Da sie anders als die Silbermöwe nur selten Müllhalden besucht, ist sie bei uns weniger häufig. Sie brütet meist in großen Kolonien mit mehreren Tausend Paaren im Schutz von Pflanzen in Dünen oder auf Salzwiesen, gern auch am Rand von Silbermöwenkolonien. Auch brütende Paare erbeuten ihre Nahrung auf dem offenen Meer und legen dann Strecken von bis zu 80 km zurück. Heringsmöwen können wie alle Möwen sehr alt werden, 26 Jahre sind bei dieser Art nachgewiesen.

LARUS MARINUS — J F M A M J J A S O N D (● A M J J A)

Mantelmöwe

Merkmale Bis zu 78 cm lang. Ähnlich Silbermöwe, aber **viel größer**, Rücken und Flügeloberseite **schwarz**.

Vorkommen An **flachen**, **felsigen Küsten**, im Watt, in Häfen.

Biologie Wenn die **größte Möwe Europas** fliegt, erinnert sie wegen ihrer langsamen, wuchtigen Flügelschläge an einen Reiher. Neben dem üblichen Nahrungsspektrum der Großmöwen verfolgt sie besonders während der Brutzeit auch andere Seevögel, um deren Beute zu ergattern. Zum Brüten bevorzugt die Mantelmöwe kleine Felseninseln. Dort nisten die Paare gern auf kleinen Erhebungen. Mantelmöwen sind viel stärker ans Meer gebunden als Silber- und Heringsmöwen. Sie überwintern nicht nur an der Küste, sondern auch auf dem offenen Meer.

LARUS MICHAHELLIS — J F M A M J J A S O N D (● A M J J A)

Mittelmeermöwe

Merkmale Bis zu 60 cm lang. Ähnlich Silbermöwe, aber Rücken und Flügeloberseite etwas dunkler grau, **Beine kräftig gelb**.

Vorkommen An **Seen** und **Flüssen**, auf Feldern.

Biologie Auch im Süden Deutschlands und in der Schweiz gibt es brütende Großmöwen: Dank der ganzjährig auf Müllhalden verfügbaren Nahrung haben Mittelmeermöwen den Weg zu uns gefunden. Sie verzehren Fische, Mäuse, Insekten, Würmer und Früchte. Mittelmeermöwen haben keinen besonders guten Ruf, weil sie auch Haubentaucher und Enten überwältigen. Obwohl sie eigentlich am Boden brüten, bauen diese Möwen mangels Platz ihre Nester auch auf Dächern, etwa in Genf.

HERINGSMÖWE

MANTELMÖWE

MITTELMEERMÖWE

LARUS CANUS — J F M A M J J A S O N D

Sturmmöwe

Merkmale Bis zu 46 cm lang. Ähnlich Silbermöwe, aber **viel kleiner**, **Schnabel und Beine gelblichgrün**.

Vorkommen An der **Nord- und Ostseeküste**, auch an Seen, auf Feldern.

Biologie Sturmmöwen kann man gut beobachten, wenn sie einem pflügenden Traktor folgen und Regenwürmer und Mäuse erbeuten. Sie kommen nicht nur an der Küste vor, wo sie in großen Kolonien in Dünen und auf Salzwiesen brüten, sondern auch weit im Binnenland. Dort nisten sie meist einzeln. Im Winter sammeln sich diese Möwen gern in großen Trupps, die im Watt Nahrung erbeuten, Müllhalden aufsuchen und anderen Möwen Nahrung abluchsen. Kirschen mögen sie auch.

RISSA TRIDACTYLA — J F M A M J J A S O N D

Dreizehenmöwe

Merkmale Bis zu 40 cm lang. Weiß, Rücken und Flügeloberseite grau, Flügelspitze und **Beine schwarz**. **Schnabel dünn**, **gelb**.

Vorkommen An Felsküsten der Nordsee, **Helgoland**.

Biologie Die einzige deutsche Brutkolonie befindet sich in den steilen Felsklippen Helgolands. Schon von Weitem sind die brütenden Paare am durchdringenden **»kitti-wiiäk«-Gekreische** zu hören. Die kräftigeren Lummen verdrängen die Dreizehenmöwen auf die schlechtesten Felssimse. Dort brüten die Eltern abwechselnd die bis zu 3 Eier aus. Außerhalb der Brutzeit leben diese Möwen nur auf dem offenen Meer, wo sie kleine Fische fangen oder diese anderen Seevögeln abjagen. Dann werden sie oft von Stürmen an die Küste verschlagen.

STERNA SANDVICENSIS — J F M A M J J A S O N D

Brandseeschwalbe

Merkmale Bis zu 41 cm lang. Weiß, Rücken und Flügeloberseite grau, **Beine schwarz**. Kopfkappe schwarz **mit Schopf**. **Schnabel schwarz**, vorn gelb.

Vorkommen An Stränden und Salzwiesen der **Nord- und Ostseeküste**.

Biologie Auch die Brandseeschwalbe kommt fast ausschließlich an Meeresküsten vor. Sie fliegt in etwa 10 m Höhe mit nach unten gerichtetem Schnabel über das Wasser. Hat sie einen Fisch gesichtet, kippt sie seitlich ab und stürzt stoßtauchend ins Meer. An der Nordsee brütet sie nur auf Inseln und Halligen, an der Ostsee auch auf Halbinseln. Dann bevorzugt sie reine Sandstrände. Zur Nahrungssuche entfernt sie sich bis zu 50 km vom Brutplatz.

STURMMÖWE

DREIZEHENMÖWE

BRANDSEESCHWALBE

STERNA HIRUNDO J F M **A M J J A S** O N D

Flussseeschwalbe

Merkmale Bis zu 37 cm lang. Weiß, Rücken und Flügeloberseite grau, **Beine rot**. Kopfkappe schwarz. **Schnabel rot**, **vorn schwarz**.

Vorkommen An der **Küste**, naturnahen, klaren Flüssen, Seen.

Biologie Weil bei uns viele Flüsse begradigt und verschmutzt sind, brüten heute die meisten Flussseeschwalben in großen Kolonien an der Küste und sind dort die **häufigsten Seeschwalben**. An Binnengewässern nehmen sie Nistinseln an. Bei der Balz füttern sich die Partner gegenseitig mit kleinen Fischen, die sie stoßtauchend erbeuten. Die Eltern verteidigen Gelege und Junge sehr heftig und attackieren jeden, der dem Nest zu nahe kommt. Auch diese Vögel überwintern in Afrika. In Australien wurde eine beringte Flussseeschwalbe gefunden, die von Finnland über Südafrika dorthin geflogen war.

STERNA PARADISAEA J F M **A M J J A S O** N D

Küstenseeschwalbe

Merkmale Bis zu 36 cm lang. Weiß, Rücken und Flügeloberseite grau, Kopfkappe schwarz, **Beine und Schnabel rot**. **Schwanzspieße sehr lang**.

Vorkommen An Stränden, Salzwiesen der **Nord- und Ostsee**.

Biologie Auch diese etwa taubengroße Seeschwalbe ist an unseren Küsten häufig. Da sie bis an die Küsten des Nordpolarmeeres brütet und den Winter in Südafrika und der Antarktis verbringt, legt sie unter den Vögeln die größten Flugstrecken im Jahr zurück: Hin- und Rückflug 35 000–40 000 km. Auch den Altersrekord halten diese Vögel: Eine 34 Jahre alte Küstenseeschwalbe brütete sogar noch.

STERNULA ALBIFRONS J F M A **M J J A S** O N D

Zwergseeschwalbe

Merkmale Bis zu 25 cm lang. Weiß, Rücken und Flügeloberseite grau, **Beine gelb**. Kopfkappe schwarz, **Stirn weiß**. **Schnabel gelb**, vorn schwarz.

Vorkommen An Sand- und Kiesstränden der Nord- und Ostsee.

Biologie Die kleinste der heimischen Seeschwalben fischt gern im seichten Wasser. Daher kann man sie oft auch nah am Strand beobachten. Immer wieder bleibt die amselgroße Zwergseeschwalbe kurz in der Luft stehen, um dann mit angewinkelten Flügeln ins Wasser zu tauchen. Ihre gut getarnten Eier legt sie am steinigen Strand in eine flache Mulde. Den Winter verbringt sie in West- und Südafrika.

FLUSSSEESCHWALBE

KÜSTENSEESCHWALBE

ZWERGSEESCHWALBE

COLUMBA LIVIA F. DOMESTICA J F M A M J J A S O N D

Haustaube (Straßentaube)

Merkmale Bis zu 34 cm lang. **Sehr variabel gefärbt**, weiß, braun, grau, schwarz. Oft 2 schwarze Flügelbinden, Bürzel weiß.

Vorkommen In **Städten**, größeren Siedlungen, fehlt in Dörfern.

Biologie Die in den Städten heimischen Straßentauben sind verwilderte Haustauben, die von der im Mittelmeerraum heimischen **Felsentaube** *(C. livia)* abstammen. Diese Wildtaube, dessen Fleisch schon lange geschätzt wurde, kam vor rund 3000 Jahren in Ägypten in die menschliche Obhut. Die Römer nutzten ihre Gabe, über große Distanzen wieder heimzufinden, bei der Zucht der Brieftauben. Heute sind Straßentauben in vielen Städten als Gebäudeverschmutzer und Krankheitsüberträger lästig. Mit Taubenhäusern kann man ihre Vermehrung einschränken, denn dort können die Eier gegen Gipseier getauscht werden.

COLUMBA OENAS J F M A M J J A S O N D

Hohltaube

Merkmale Bis zu 32 cm lang. Blaugrau, Nacken grün schillernd, Brust rötlich, **Schnabel gelb**. **2 Flügelbinden**, schwarz.

Vorkommen In Wäldern mit **altem Baumbestand**, Feldgehölzen, Parks.

Biologie Hohltauben sind die einzigen Tauben Europas, die in Baumhöhlen brüten: Sie bevorzugen die geräumigen Höhlen des Schwarzspechts, nehmen auch Nistkästen bzw. an der baumlosen Küste Kaninchenbaue an. Am einfachsten beobachtet man diese unauffälligen Tauben, wenn sie auf Feldern Wildkräutersamen und andere Pflanzennahrung suchen. Sie überwintern in Süd- und Südwesteuropas.

COLUMBA PALUMBUS J F M A M J J A S O N D

Ringeltaube

Merkmale Bis zu 43 cm lang. Grau, Unterseite rötlichgrau. **Halsfleck weiß**, Flügelstreifen weiß.

Vorkommen In offener Landschaft mit **Baumbestand**, Parks, auch in Städten.

Biologie Diese **größte Taube Europas** war ursprünglich ein Waldvogel. Dank der Ausweitung von Feldern, die ihr pflanzliche Nahrung liefern, und den zunehmend in Städten angepflanzten Bäumen konnte sie ihren Lebensraum stark erweitern. Heute findet man sie sogar mitten in manchen Großstädten. Im Frühjahr kann man die auffälligen Balzflüge beobachten, bei denen das Männchen bis zu 30 m hoch in die Luft steigt und vor dem Heruntergleiten laut mit den Flügeln klatscht.

HAUSTAUBE

HOHLTAUBE

RINGELTAUBE

STREPTOPELIA DECAOCTO **J F M A M J J A S O N D**

Türkentaube

Merkmale Bis zu 33 cm lang. Beigegrau. **Nackenring schwarz-weiß**.

Vorkommen In Dörfern und **Stadtgebieten**.

Biologie Innerhalb von rund 70 Jahren hat sich die Türkentaube, von Asien über den Balkan kommend, über ganz Europa ausgebreitet. Sie ernährt sich von Grassamen, Getreide und Früchten. Ihr spärliches Nest baut sie meist in Bäumen, aber auch an Gebäuden. Wie bei allen Tauben werden die Jungen in den ersten Lebenstagen mit Kropfmilch gefüttert. Viele Kleinvögel reagieren auf eine fliegende Türkentaube mit Warnrufen, denn ihr Flugbild ähnelt dem des Sperbers.

STREPTOPELIA TURTUR J F M A **M J J A S** O N D

Turteltaube

Merkmale Bis zu 27 cm lang. Beigegrau, Brust rosa, **Halsfleck schwarz-weiß**, Augenring rot, **Flügel rostbraun gefleckt**.

Vorkommen In **trockenem**, **abwechslungsreichem Kulturland** mit Feldgehölz, auch in Wein- und Obstbaugebieten.

Biologie Als einzigem Langstreckenzieher unter den heimischen Tauben kommt die Turteltaube, die südlich der Sahara überwintert, erst spät im Frühjahr zu uns. Sie lebt recht versteckt und errichtet ihr dünnes Nest aus trockenem Reisig in dichten Baumkronen. Häufig brütet sie in den Mittelmeerländern, wo man ihr fortlaufendes, namengebendes »turr-turr«-Gurren hören kann.

CUCULUS CANORUS J F M **A M J J A S** O N D

Kuckuck

Merkmale Bis zu 35 cm lang. **Blaugrau** oder braun, Unterseite gebändert. Schnabel klein, schwarz. **Schwanz lang**.

Vorkommen In verschiedensten Lebensräumen.

Biologie »Kuckuck« ruft nur das Männchen, das Weibchen kichert heiser. Dieser Vogel ist der einzige bei uns, der seine Eier von fremden Vögeln ausbrüten lässt (Brutparasitismus). Aufmerksam beobachtet das Weibchen nestbauende Rohrsänger, Rotkehlchen, Bachstelzen und andere Kleinvögel und schmuggelt ihnen ein Ei ins Nest. Sofort nach dem Schlüpfen wirft das Kuckucksjunge alle anderen Eier und Jungen aus dem Nest und wird fortan allein von den Wirtseltern gefüttert. Wenn das Junge flügge geworden ist, sind die Eltern schon unterwegs in die südafrikanischen Wintergebiete. Den Weg dorthin findet es ohne jegliche Hilfe, denn dieser ist den Vögeln angeboren. Kuckucke ernähren sich vor allem von behaarten Schmetterlingsraupen.

TÜRKENTAUBE

TURTELTAUBE

KUCKUCK

TYTO ALBA

J	F	M	A	M	J	J	A	S	O	N	D
			•	•	•	•	•				

Schleiereule

Merkmale Bis zu 35 cm lang. **Gesichtsschleier herzförmig**, weiß. Gelbbraun-grau gesprenkelt, Unterseite weiß bis rostbraun. Beine lang.

Vorkommen In **offenem Kulturland** mit Bäumen, Gebäuden.

Biologie Schleiereulen ernähren sich vor allem von Mäusen, die sie nachts in geräuschlosem Flug auf Feldern und Wiesen jagen. Weil beide Ohröffnungen unterschiedlich hoch am Kopf sitzen, kommen die Geräusche einer Maus in einem Ohr Millisekunden früher an als in dem anderen. Dadurch kann die Eule ihre Beute genau orten und sie mit ihren scharf bekrallten Zehen packen. Schleiereulen sind von Mäusen abhängig: In Jahren, in denen es viele Mäuse gibt, brüten die Vögel zweimal mit jeweils bis zu 12 Eiern. In schlechten Mäusejahren brüten sie gar nicht. Dann erbeuten sie auch Spitzmäuse und Vögel. Als **Kulturfolger** nistet die Schleiereule in geräumigen, dunklen Nischen in Dachstühlen, Kirchtürmen, Scheunen oder Trafohäuschen, wo sie ungestört ist und jederzeit ins Freie fliegen kann. Sie nimmt auch spezielle Nistkästen an. Nur das Weibchen brütet und wird in dieser Zeit vom Männchen versorgt. Da Schleiereulen kaum Fettreserven ansetzen können, müssen sie stets jagen. Daher verhungern viele, wenn in schneereichen Wintern Mäuse unerreichbar sind.

BUBO BUBO

J	F	M	A	M	J	J	A	S	O	N	D
	•	•	•	•	•	•					

Uhu

Merkmale Bis zu 73 cm lang. Gelblichbraun, dunkel gefleckt. Kopf breit mit **schmalen Federohren**, **Augen orange**.

Vorkommen In **offenen Landschaften mit Felsen**, Wald, reichlich Beute.

Biologie Genügend Ratten, Feldhasen, Igel, Wasservögel, Graureiher, Elstern und Krähen plus nischenreiche Felsen als Brutplatz – so sieht der Lebensraum des recht anspruchslosen Uhus aus. Diese **größte europäische Eule** mit einer Flügelspannweite von rund 170 cm war bei uns sehr selten geworden, da sie als Schädling unerbittlich verfolgt wurde. Dank Aufklärungsarbeiten, Wiederansiedlungs- und Überwachungsprojekten hat sich der Uhubestand in den letzten 40 Jahren erholt. Der Uhu verdankt seinen Namen den dumpfen **»u-hu«-Rufen** des Männchens, die man während der Paarungszeit im Frühjahr hören kann. Wie die meisten Eulen jagt auch der Uhu bei Dunkelheit. Das Gehör ist ihr wichtigster Sinn bei der Jagd. Die seitlich ausgerichteten Federn im Gesicht leiten die leisesten Geräusche zu den Ohröffnungen, die im Gefieder verborgen sind. Die sichtbaren Federohren hingegen sind lange Federn, mit denen die Vögel ihre Stimmung zeigen.

SCHLEIEREULE

UHU

GLAUCIDIUM PASSERINUM

J F M **A** **M** **J** **J** A S O N D
(● A M J J)

Sperlingskauz

Merkmale Bis zu 19 cm lang. **Braun-weiß geperlt**. Kopf rund.

Vorkommen In Nadel- und Mischwäldern, meist im Bergland.

Biologie Die **kleinste Eule Europas** ist so groß wie ein Star. Sie brütet in verlassenen Baumhöhlen von Bunt- und Dreizehenspecht, wo sie auch den Tag verbringt. Bei Dämmerung, manchmal auch bei Tag, überwältigt der Sperlingskauz blitzschnell Waldmäuse, Meisen, Zeisige und sogar Drosseln auf Lichtungen oder am Waldrand. Dort ist es stets etwas heller – günstig für seine aus Eulensicht schlechten Augen. Der robuste Vogel übersteht auch harte Winter, denn er legt Vorräte an und vermag gefrorene Beutetiere mit seiner Körperwärme aufzutauen.

ATHENE NOCTUA

J F M **A** **M** **J** **J** **A** S O N D
(● A M J J A)

Steinkauz

Merkmale Bis zu 25 cm lang. Graubraun-weiß gesprenkelt. **Kopf breit**.

Vorkommen In **Streuobstwiesen**, offenem Kulturland mit Bäumen.

Biologie Der kleine, wendige Steinkauz nistet am liebsten in Baumhöhlen alter Kopfweiden oder Obstbäume. Auf den umliegenden Wiesen findet er reichlich Mäuse, Kleinvögel und Regenwürmer, wenn er bei Dämmerung von einem erhöhten Platz aus oder am Boden jagt. Dort sieht man ihn auch tagsüber, wenn er sich auf einem Ast sonnt. Wo es Steinkäuze gibt, kann man ihnen mit speziellen Niströhren helfen, denn diese Eulen leiden unter Wohnungsmangel.

STRIX ALUCO

J F **M** **A** **M** **J** **J** A S O N D
(● M A M J J)

Waldkauz

Merkmale Bis zu 41 cm lang. Braun-beige-dunkel gestreift. **Kopf groß**, rund. **Augen groß**, **schwarz**. Gestalt rundlich.

Vorkommen In **fast allen Wäldern**, Parks, Gärten, Siedlungen.

Biologie Bei uns ist der Waldkauz die **häufigste Eule**. Schon im Winter hört man die typischen **»huu-hu«-Rufe** des Männchens, mit denen sich die Paare finden. Sie brüten in großen Baumhöhlen, aber auch auf Dachböden oder in Krähennestern. Schon vor dem Flüggewerden verlassen die plustrigen Jungen das Nest und werden noch viele Wochen lang von den Eltern gefüttert. Wenn man einen solchen Ästling sieht, sollte man ihn dort belassen. Der Waldkauz jagt nachts Mäuse und kleine Vögel. Tagsüber ruht er gern auf einem Ast. Das laute, warnende Gezeter der Eichelhäher, Amseln oder Buchfinken stört ihn nicht.

SPERLINGSKAUZ

STEINKAUZ

WALDKAUZ

WALDKAUZ, ÄSTLING

ASIO OTUS

J	F	M	A	M	J	J	A	S	O	N	D
		•	•	•	•	•					

Waldohreule

Merkmale Bis zu 37 cm lang. Grau-braun-gelblich marmoriert. Kopf eckig mit breiten, meist **aufgestellten Federohren**.

Vorkommen In Parks, offenem Kulturland mit Feldgehölz, am Waldrand.

Biologie Die Waldohreule brütet meist in verlassenen Elstern- und Krähen-, seltener in Greifvogel- oder Eichhörnchennestern. Daher fördert man diese Eule, wenn man Krähen und Elstern als wichtige Nestbauer schützt. Auf Wiesen und Feldern erbeutet die recht weit verbreitete Waldohreule nachts vor allem Mäuse. Im Winter versammeln sich bis zu 40 Eulen an festen Sammelschlafplätzen in Baumgruppen, die teilweise über 100 Jahre bestehen. Dann ertönen auch die »huh«-Rufe und klatschenden Flügelschläge der balzenden Männchen, in Sommernächten die lauten Pfiffe hungriger Jungen.

ASIO FLAMMEUS

J	F	M	A	M	J	J	A	S	O	N	D
		•	•	•	•	•					

Sumpfohreule

Merkmale Bis zu 39 cm lang. Rostgelb-dunkelbraun gefleckt. Kopf rund mit **kurzen Federohren**. Augen gelb, **schwarz umrandet**.

Vorkommen In **feuchter**, **offener Landschaft** wie Moore.

Biologie Die Sumpfohreule ist ein Vogel des Nordens, der nur in wenigen Gebieten bei uns brütet. Viel mehr als die anderen Eulen ist er auch **tags aktiv**. Dann fliegt er bei der Jagd nach Mäusen im gaukelnden Flug, ähnlich einer Weihe, über offene Flächen. Da in seinem Lebensraum Bäume fehlen, brüten beide Eltern am Boden zwischen hohen Pflanzen. Der nichtbrütende Partner hält dabei auf einer kleinen Erhebung Wache.

AEGOLIUS FUNEREUS

J	F	M	A	M	J	J	A	S	O	N	D
			•	•	•	•	•	•			

Raufußkauz

Merkmale Bis zu 26 cm lang. Braun-hell gefleckt. **Kopf eckig**.

Vorkommen Dichte **Nadel- und Mischwälder**, Bergland.

Biologie Wegen seiner fast ausschließlich nächtlichen Lebensweise im Waldesinnern kann man den Raufußkauz nur schwer entdecken. Er brütet in großen Schwarzspechthöhlen, nimmt aber auch Nistkästen an. Während die Männchen stets in einem festen Revier bleiben, ziehen die Weibchen je nach Nahrungsangebot mehrere 100 km weit umher. Wie alle Eulen beherrscht auch er dank der sehr fein gezähnten Außenkanten seiner Handschwingen den geräuschlosen Flug. Er kann eine Maus, seine Hauptbeute, in bis zu 60 m Entfernung ausmachen.

WALDOHREULE

SUMPFOHREULE

RAUFUSSKAUZ

JYNX TORQUILLA

J F M **A M J J A S** O N D

Wendehals

Merkmale Bis zu 17 cm lang. Rindenfarbig. **Schwanz lang**.

Vorkommen In **offenen Wäldern**, abwechslungsreichem Kulturland, Feldgehölzen, Streuobstwiesen, großen Gärten, Parks.

Biologie Der Wendehals mit seinem rindenfarbigen Gefieder unterscheidet sich deutlich von seinen Verwandten, den Spechten. Er besitzt einen schwachen Schnabel, da er keine Nisthöhlen zimmert, sondern in Spechthöhlen nistet. Ist keine freie verfügbar, wirft er Eier oder Jungvögel aus einer Höhle hinaus. Er klettert nicht an Baumstämmen, sondern frisst kleine Ameisen am Boden. Und er ist der einzige Zugvogel unter den Spechten; er überwintert südlich der Sahara.

PICUS CANUS

J F M A M J J A S O N D

Grauspecht

Merkmale Bis zu 27 cm lang. Olivgrün, **Kopf und Hals grau**, Bartstreifen schwarz. Männchen Stirn rot, Weibchen ohne Rot.

Vorkommen In **abwechslungsreichen Landschaften** mit altholzreichen Wäldern, Feldgehölzen, Streuobstwiesen, Parks.

Biologie Der Grauspecht sieht dem Grünspecht sehr ähnlich. Die beiden **»Erdspechte«** ernähren sich auch vor allem von Ameisen. Schon ab Mitte Januar markiert der Grauspecht mit langanhaltendem Trommeln und lauten, abfallenden »kü-kü-kü«-Rufen sein Brutrevier und lockt Weibchen an. Gemeinsam zimmert das Paar dann eine Baumhöhle oder übernimmt eine verlassene. Wenn die Brutzeit vorbei ist, fällt der Grauspecht wenig auf.

PICUS VIRIDIS

J F M A M J J A S O N D

Grünspecht

Merkmale Bis zu 33 cm lang. **Kräftig olivgrün**, Unterseite graugrün, **Scheitel rot**, Bürzel gelb. Bartstreifen des Männchens schwarz-rot, beim Weibchen ohne Rot.

Vorkommen In Feldgehölzen, Streuobstwiesen, Parks, am Waldrand.

Biologie Auf der Suche nach einem Ameisennest kann der Grünsprecht bis zu 25 cm weit hüpfen. Er bohrt ein Loch in das Nest und holt mit seiner 10 cm langen, klebrigen Zunge Ameisen und Puppen heraus. Im Winter bricht er gern die großen Nesthaufen der Waldameisen auf, selbst wenn diese gefroren oder mit Schnee bedeckt sind. Typisch sind die lauten **»gjü-gjü-gjüg«-Rufe**, mit denen er sein Brutrevier markiert. Anders als der Grauspecht trommelt der Grünspecht nicht. Nach dem Schwarzspecht ist er der größte heimische Specht. Flug wellenförmig.

WENDEHALS

GRAUSPECHT

GRÜNSPECHT

DRYOCOPUS MARTIUS

J	F	M	A	M	J	J	A	S	O	N	D
			•	•	•	•	•				

Schwarzspecht

Merkmale Bis zu 47 cm lang. **Schwarz**. Männchen Kopfkappe **rot**, Weibchen nur Hinterkopf rot.

Vorkommen In ausgedehnten **Wäldern mit Alt-** und **Totholz**.

Biologie Der krähengroße Schwarzspecht ist der größte Specht Europas. In 2–4 Wochen zimmert er in alten Bäumen eine große Höhle, für die es viele Nachmieter gibt, etwa Hohltauben oder Raufußkäuze. Auf der Suche nach im Holz lebenden Insekten zerhackt er morsche Baumstümpfe und entrindet kranke Bäume.

DENDROCOPOS MAJOR

J	F	M	A	M	J	J	A	S	O	N	D
			•	•	•	•	•				

Buntspecht

Merkmale Bis zu 24 cm lang. **Schwarz-weiß**, **Schwanzansatz rot**. Männchen Hinterkopf rot, Weibchen ohne Rot, Jungvogel Scheitel rot.

Vorkommen In **Wäldern**, Feldgehölzen, Parks und Gärten.

Biologie Dank der Füße mit den je 2 nach vorn und hinten gerichteten Zehen und dem Stützschwanz können Spechte hervorragend klettern. Mit seinem kräftigen Meißelschnabel zimmert der Buntspecht jedes Jahr eine neue Baumhöhle (Wohnraum für viele andere Tiere!), trommelt in der Paarungszeit mit 10 Schlägen pro Sekunde und sucht nach im Holz lebenden Insekten. Dieser **häufigste Specht Europas** erntet im Winter Fichten- und Kiefernzapfen, klemmt sie in eine Astgabel und holt dann die Samen heraus (»Spechtschmiede«).

DENDROCOPOS MEDIUS

J	F	M	A	M	J	J	A	S	O	N	D
			•	•	•	•	•				

Mittelspecht

Merkmale Bis zu 22 cm lang. Schwarz-weiß, **Kopfkappe rot**.

Vorkommen In alten Auen- und **Eichenwäldern**, Obstgärten.

Biologie Der rastlose Mittelspecht sammelt Insekten und Raupen, frisst aber auch Eicheln und Früchte. Die Höhle zimmert er gern in morsche Stellen gesunder Bäume.

DRYOBATES MINOR

J	F	M	A	M	J	J	A	S	O	N	D
			•	•	•	•					

Kleinspecht

Merkmale Bis zu 15 cm lang. Ähnlich Buntspecht, aber **Schwanzansatz ohne Rot**. Nur Männchen Kopfkappe rot.

Vorkommen In lichten Au- und Laubwäldern, Ufergehölzen.

Biologie Der kleinste Specht Europas lebt meist auf Pappeln, Weiden, Erlen. Er hält sich mehr in den Ästen als am Stamm auf.

SCHWARZSPECHT

BUNTSPECHT

MITTELSPECHT

KLEINSPECHT

ALCEDO ATTHIS — **J F M A M J J A S O N D**

Eisvogel

Merkmale Bis zu 18 cm lang. **Türkisblau glänzend**, **Unterseite orange**, Schwanz kurz. Schnabel schwarz, Weibchen mit Rot.

Vorkommen An **klaren Bächen**, Flüssen, Seen und Teichen.

Biologie Wenn der Eisvogel mit raschen Flügelschlägen kerzengerade über das Wasser fliegt, leuchtet er wie ein **Edelstein**; im Schatten ist er erstaunlich unauffällig. Von einem erhöhten Platz oder aus rüttelndem Flug stürzt er sich senkrecht ins Wasser und erbeutet so bis zu 7 cm lange Fische, die er kopfvoran verschlingt. Die bis zu 1 m lange Nisthöhle baut er in senkrechte Erdwände, die bis zu 1 km weit vom Gewässer entfernt sind. Dort warten die bis zu 8 Jungen in einer Reihe hintereinander auf die Eltern und gehen nach dem Füttern brav nach hinten.

MEROPS APIASTER — J F M A **M J J A S** O N D

Bienenfresser

Merkmale Bis zu 29 cm lang. **Gelb-rotbraun**, Unterseite türkisblau, Kehle gelb. Schnabel lang, leicht nach unten gebogen.

Vorkommen In abwechslungsreicher Landschaft mit **Steilwänden**.

Biologie Die geselligen Bienenfresser erbeuten von Leitungen oder Ästen aus Bienen, Wespen, Hummeln, Libellen und andere fliegende Insekten. Den Hinterleib stechender Insekten reiben sie mehrmals auf einem harten Untergrund, um den Stechapparat zu entfernen. Für die Jungenaufzucht bauen diese kolonienbrütenden Vögel rund 1,5 m lange Höhlen in steile, weiche Uferböschungen oder Sandgruben. Den Winter verbringen sie im südlichen Afrika, wo sie mittlerweile auch brüten.

UPUPA EPOPS — J F M **A M J J A S** O N D

Wiedehopf

Merkmale Bis zu 28 cm lang. **Orangebraun**, Flügel und Schwanz **schwarz-weiß** gebändert. Kopf mit **aufstellbarer Federhaube** orange-schwarz.

Vorkommen In **warmen Obstgärten**, Wäldern, Weinbergen.

Biologie Am Boden erbeutet der Wiedehopf Grillen, Heuschrecken und andere große Insekten. Er nimmt gern ein Sandbad und brütet in Baumhöhlen, Steinhaufen oder Mauerlöchern. Die Jungen verspritzen übelriechenden Kot, wenn sie von einem Nesträuber bedroht werden. Auch das Weibchen stinkt, solange es brütet und vom Männchen mit Nahrung versorgt wird. Nur bei Erregung stellen die Vögel die Federhaube auf. Den kuckuckähnlichen »pupu«-Rufen verdanken sie ihren wissenschaftlichen Namen.

EISVOGEL

BIENENFRESSER

WIEDEHOPF

CAPRIMULGUS EUROPAEUS J F M **A M J J A S** O N D

Ziegenmelker (Nachtschwalbe)

Merkmale Bis zu 28 cm lang. **Rindenfarben braun**. Gestalt länglich. Augen groß, **Schnabel winzig**. Männchen mit Weiß an Flügel und Schwanz.

Vorkommen In **lichten Wäldern**, trockener Heide, auch auf Truppenübungsplätzen.

Biologie Der Ziegenmelker ist ein **Nachtvogel**. Tagsüber verschmilzt er mit dem Ast oder Boden, auf dem er ruht. Nachts fängt er mit weit geöffnetem Rachen Nachtfalter und Käfer. Im Frühjahr ertönen die knarrenden »errerrerr«-Rufe des Männchens und lautes Flügelklatschen der balzenden Paare. Das Nest ist eine flache Bodenmulde. Während das Männchen die Jungen versorgt, brütet das Weibchen ein zweites Mal.

PSITTACULA KRAMERI **J F M A M J J A S O N D**

Halsbandsittich

Merkmale Bis zu 43 cm lang. **Leuchtend grün**, **Papageienschnabel rot**. Männchen mit Halsband schwarz-rosa.

Vorkommen In **Parks** und **baumreichen Gärten** im Rheinland (Heidelberg bis Ruhrgebiet), Stuttgart, Hamburg, Wien, Innsbruck.

Biologie In wintermilden Gegenden leben tatsächlich wilde Papageien, die aus Volieren fliehen konnten oder ausgesetzt wurden. Die taubengroßen, aus den afrikanischen Savannen stammenden Halsbandsittiche bilden feste Kolonien, die in Baumhöhlen, Nistkästen oder Höhlungen der Platanen nisten und schlafen. Eine der größten Kolonien mit mehreren hundert Vögeln lebt im Schlosspark Wiesbaden-Biebrich. Der ähnliche, aber größere **Alexandersittich** *(Psittacula eupatria,* Heimat Südasien) mit rotbraunem Streifen am Flügel sowie der kleinere **Mönchssittich** *(Myiopsitta monachus,* Heimat Südamerika) mit grauer Stirn und Brust kommen vor allem im Rheinland vor.

ORIOLUS ORIOLUS J F M A **M J J A S** O N D

Pirol

Merkmale Bis zu 24 cm lang. **Männchen gelb-schwarz**, Schnabel rot. Weibchen grünlich, Flügel dunkel.

Vorkommen In Laub- und **Auwäldern** mit altem Baumbestand.

Biologie Pirole führen ein ziemlich verborgenes Leben in den Baumkronen. Am auffälligsten ist ihr lauter, flötender Gesang **»düd-lio«** (daher der alte Name Vogel Bülow). Die amselgroßen Vögel ernähren sich von Früchten und Insekten. Das aus Grashalmen, Schafwolle, Moosen und allerlei Fasern geflochtene Nest hängt frei an einer Astgabel. Verbringen den Winter in Südafrika.

ZIEGENMELKER

HALSBANDSITTICH

PIROL

LANIUS COLLURIO — J F M A **M J J A S** O N D

Neuntöter (Rotrückenwürger)

Merkmale Bis zu 18 cm lang. **Hakenschnabel**. Männchen **rotbraun**, Kopf grau-weiß, Schwanz und **Augenbinde schwarz**. Weibchen blasser.

Vorkommen In **offener Landschaft** mit Gebüsch, Bäumen.

Biologie Der Neuntöter ist der häufigste unter den heimischen Würgern. Käfer, Heuschrecken und andere große Insekten fängt dieser Singvogel im Flug, junge Vögel und Mäuse kann er wie ein »Greifvogel« erbeuten. Wenn er satt ist, **spießt er die Beute auf** Dornen oder Stacheldraht als Vorrat für den nächsten Morgen oder für die Jungen. Dieses angeborene Aufspießen müssen junge Würger noch üben: Anfangs stechen sie sich dabei oft selbst noch in den Rachen. Neuntöter überwintern in Ost- und Südafrika.

LANIUS SENATOR — J F M **A M J J A S** O N D

Rotkopfwürger

Merkmale Bis zu 19 cm lang. **Männchen schwarz-weiß**, unten weiß, Kopfkappe und Nacken **rostrot**. Weibchen blasser.

Vorkommen In sonnig-trockener, offener Landschaft, **Streuobstwiesen**.

Biologie In den Streuobstwiesen Süddeutschlands brüten die starengroßen Rotkopfwürger heutzutage nur noch vereinzelt. Das Männchen sitzt gern auf der Spitze eines Strauches, um von dort aus große Insekten im Flug zu fangen. Damit füttert er auch die brütende Partnerin und die Jungen. Im Frühjahr markieren die Paare im Duett singend ihr Brutrevier.

LANIUS EXCUBITOR — **J F M A M J J A S O N D**

Raubwürger

Merkmale Bis zu 25 cm lang. **Männchen grau**, **Unterseite weiß**, Augenstreif und Flügel schwarz. Weibchen blasser.

Vorkommen In Mooren, Heiden, **offener Feldlandschaft** mit Gebüsch.

Biologie Dieser **größte Würger Europas** verbringt auch den Winter bei uns. Auch er legt Vorräte aus großen Insekten, Eidechsen und Mäusen an und erbeutet auch Vögel. Schon im April beginnt das Weibchen in dichten Sträuchern aus Graswurzeln und -halmen das typische Nest zu bauen. Das im Sonnenschein leuchtend weiß erscheinende Männchen sieht man dann oft auf einer Buschspitze sitzen. Raubwürger kommen auf der ganzen Erde außer in Australien vor. Ähnlich, aber sehr selten ist der kleinere **Schwarzstirnwürger** *(L. minor).*

NEUNTÖTER, ♂

NEUNTÖTER, ♀

ROTKOPFWÜRGER, ♂

RAUBWÜRGER, ♂

APUS APUS J F M A **M J J A** S O N D

Mauersegler

Merkmale Bis zu 18 cm lang. **Schwarzbraun**. **Flügel sichelförmig**.

Vorkommen In kleinen und größeren **Städten**.

Biologie Kein Vogel verbringt so viel Zeit in der Luft wie der Mauersegler, der an warmen Sommertagen in großen Schwärmen den Himmel über den Städten mit seinen rasanten Flügen und lauten **»srieh«-Rufen** erfüllt. Er fängt kleine fliegende Insekten und verbringt sogar die Nacht im Flug: Dazu steigt er in bis zu 3000 m Höhe auf und schlägt nur ab und zu mit den Flügeln. Nur zum Brüten unter den Dächern der Häuser verlassen die Vögel den Luftraum. An regnerisch-kalten Sommertagen ziehen die Mauersegler viele hundert Kilometer weg in Schönwettergebiete; die Jungen im Nest verfallen bis zur Rückkehr der Eltern in einen Hungerschlaf. Mauersegler gehören zu den letzten Zugvögeln, die im Frühjahr aus den Wintergebieten südlich der Sahara bei uns ankommen, und zu den ersten, die schon im Hochsommer wieder wegziehen.

APUS MELBA J F M **A M J J A S** O N D

Alpensegler

Merkmale Bis zu 23 cm lang. **Braun**, Bauch und Kehle **weiß**.

Vorkommen In felsigen Gebieten (Bergland), einigen Städten (etwa **Freiburg**).

Biologie Der Alpensegler fliegt noch rasanter als der verwandte Mauersegler. Dieser **größte Segler** mit den trillernden »tri-tititi«-Rufen ähnelt fast einem Falken und kommt vorwiegend im Mittelmeerraum vor; doch gibt es einige Kolonien in Österreich, der Schweiz und Südbaden. Er verbringt die Nacht in Gebäudenischen im Nest und überwintert in Ost- und Südafrika.

PTYONOPROGNE RUPESTRIS J F **M A M J J A S O** N D

Felsenschwalbe

Merkmale Bis zu 15 cm lang. Braun, Unterseite bräunlich. **Schwanz nicht gegabelt**, mit weißen Flecken.

Vorkommen An sonnig-geschützten **Felswänden** der Alpen, in Siedlungen.

Biologie Die robuste, ungemein wendige Felsenschwalbe kommt als Gebirgsvogel gut mit den Wetterkapriolen zurecht, die dort selbst im Hochsommer herrschen. Als Einzelbrüterin baut sie ihr Nest in Nischen und Spalten im Fels und unter Vorsprüngen. Mittlerweile siedelt sie sogar an Brücken und Häusern in Dörfern und Städten der Alpen.

MAUERSEGLER

ALPENSEGLER

FELSENSCHWALBE

RIPARIA RIPARIA J F M **A M J J A S** O N D

Uferschwalbe

Merkmale Bis zu 13 cm lang. **Braun**, Unterseite und Kehle weiß, **Brustband braun**. Schwanz **schwach gegabelt**.

Vorkommen An Flüssen, **Kies- und Sandgruben**, Küsten.

Biologie Uferschwalben brauchen Steilwände aus weichem Material, denn dort graben sie ihre bis zu 90 cm tiefen Brutröhren. Früher fand man die Kolonien dieser kleinsten heimischen Schwalbe an vielen Flüssen. Da die dortigen Steilwände Begradigungsmaßnahmen zum Opfer fielen, leben heute die meisten Uferschwalben an Sand- und Kiesgruben sowie der Küste. Doch auch dort werden die Brutröhren oft von rutschendem Sand verschüttet. Über dem Gewässer fangen diese Schwalben Fliegen, Mücken und andere fliegende Insekten.

HIRUNDO RUSTICA J F M **A M J J A S O** N D

Rauchschwalbe

Merkmale Bis zu 19 cm lang. **Blau schillernd**, Unterseite weiß, **Stirn und Kehle rot**. **Schwanzspieße lang**.

Vorkommen In **Dörfern** in ländlicher, offener Landschaft.

Biologie Die Rauchschwalbe ist die bekannteste Schwalbe. Sie nistet stets in offenstehenden Gebäuden, etwa Ställen. Das Nest aus Schlamm, Speichel und Pflanzenteilen befestigt sie direkt an der Wand. Im eleganten, wendigen Flug jagen Rauchschwalben Insekten. Trotz ähnlicher Lebensweise sind Schwalben aber nicht mit den Seglern verwandt. So landen sie auch auf Leitungsdrähten, etwa wenn sie sich im Herbst zum Flug ins tropische Afrika sammeln, wo sie überwintern.

DELICHON URBICUM J F M **A M J J A S O** N D

Mehlschwalbe

Merkmale Bis zu 13 cm lang. Bläulich schwarz, Unterseite weiß, **unterer Rücken weiß**. **Schwanz leicht gegabelt**.

Vorkommen In Dörfern, **Innen- und Gartenstädten**, auch Industriegebieten.

Biologie Die Mehlschwalbe mörtelt ihr halbkugeliges Lehmnest unter Vorsprüngen an die Außenwand von Bauwerken aller Art. Da sie in Kolonien nistet, findet man oft mehrere Nester direkt nebeneinander. Die Jungen werden mit zu kleinen Ballen verklebten Insekten gefüttert, die die Eltern im rasanten Flug erbeuten. Jedes Junge frisst während der bis zu 30 (40) Tage dauernden Nestlingszeit rund 38 000 Insekten. Das zeigt die Bedeutung der Schwalben als Jäger von Blattläusen, Mücken und Fliegen. Mehlschwalben nehmen gern künstliche Nisthilfen an.

UFERSCHWALBE

RAUCHSCHWALBE

MEHLSCHWALBE

STURNUS VULGARIS

J	F	M	A	M	J	J	A	S	O	N	D
		•	•	•	•	•					

Star

Merkmale Bis zu 22 cm lang. Zur Brutzeit **schwarz schillernd**, sonst weiß getupft (»Perlstar«). Schnabel gelb. Flügel spitz, Schwanz kurz.

Vorkommen In **Gärten**, **Parks**, offenem Kulturland, Wäldern.

Biologie Während der Brutzeit sehen Stare den Amseln ähnlich. Sie brüten aber in Nistkästen und Spechthöhlen und **schreiten** bei der Suche nach Insekten oft zu mehreren eilig voran, immer wieder den Schnabel in den Boden steckend. Stare mischen in ihren schwätzigen Gesang andere Vogelstimmen sowie Töne von Handys, Rasenmäher oder Auto-Alarmanlagen ein. Im Spätsommer versammeln sie sich zum Schutz vor Greifvögeln zu großen Trupps, besuchen Weinberge und Futterhäuschen.

GARRULUS GLANDARIUS

J	F	M	A	M	J	J	A	S	O	N	D
			•	•	•	•					

Eichelhäher

Merkmale Bis zu 35 cm lang. **Rötlichbraun**, Bartstreif und Schwanz schwarz, Flügel mit **blau-schwarz** gebändertem Feld.

Vorkommen In **Wäldern**, Parks und **Gärten**.

Biologie Mit lauten **»rätsch«-Rufen** warnt der Eichelhäher vor jeder Gefahr – auch wenn er Menschen erblickt. Dieser Krähenverwandte wird auch »Gärtner des Waldes« genannt, denn im Herbst versteckt er Tausende von Eicheln, Bucheckern und anderen Baumfrüchten als Wintervorrat im Erdboden. Diejenigen, die er nicht wiederfindet, keimen zu neuen Bäumen. Im Herbst und Winter ist der Eichelhäher oft in kleinen Trupps unterwegs, während der Brutzeit bleibt er unauffällig in den Baumkronen.

PICA PICA

J	F	M	A	M	J	J	A	S	O	N	D
			•	•	•	•					

Elster

Merkmale Bis zu 46 cm lang. **Schillernd schwarz-weiß**. Schwanz lang.

Vorkommen In offener Landschaft mit **Bäumen**; Gärten, Parks.

Biologie Völlig zu Unrecht haben Elstern einen schlechten Ruf und werden verfolgt. Obwohl sie wie Igel oder Eichhörnchen auch Nester ausräubern, hat das keinen negativen Einfluss auf unsere Singvögel. Elstern bevorzugen tierische vor pflanzlicher Kost. Elsternpaare, die meist ihr ganzes Leben lang zusammen bleiben, besetzen Reviere – auch im Winter, wenn diese Vögel in kleinen Trupps umherziehen, behalten sie ihr Revier stets im Auge. Ihren Revieranspruch zeigen sie, indem sie sich gut sichtbar auf einem Baum präsentieren. Auch das überdachte Nest aus Zweigen befindet sich in den Baumkronen.

STAR, BRUTKLEID

STAR, PERLSTAR

EICHELHÄHER

ELSTER

NUCIFRAGA CARYOCATACTES

J	F	M	A	M	J	J	A	S	O	N	D
			●	●	●	●					

Tannenhäher

Merkmale Bis zu 33 cm lang. **Braun-weiß getupft**, Flügel und Schwanz schwarz, Schwanzende weiß.

Vorkommen In kiefernreichen Misch- und **Nadelwäldern der Gebirge**.

Biologie Der starengroße Tannenhäher lebt nur dort, wo es im Umkreis von bis zu 12 km ausreichend Kiefern (Arven) oder wenigstens Haseln, seine Ersatznahrung, gibt. In seinen Kehlsack passen über 100 Arvennüsse, die er wie der Eichelhäher als Vorrat im Boden versteckt. Auf der Suche danach gräbt er sich sogar durch bis zu 130 cm hohen Schnee. Da er aber nicht alle der bis zu 100 000 (!) vergrabenen Nüsschen findet, sorgt er so für die Verjüngung der Bergwälder.

PYRRHOCORAX GRACULUS

J	F	M	A	M	J	J	A	S	O	N	D
				●	●	●	●				

Alpendohle

Merkmale Bis zu 38 cm lang. Schwarz, **Schnabel gelb**, Beine rot.

Vorkommen In den **Alpen** oberhalb der Baumgrenze.

Biologie An Bergstationen und Skihütten trifft man die geselligen, zutraulichen Alpendohlen. Diese taubengroßen, metallisch pfeifenden Vögel finden dort das ganze Jahr über reichlich Nahrung. Im Winter erscheinen sie tagsüber auch gern in den Tälern, um am Abend wieder in die Gipfelregionen aufzusteigen. An den Steilhängen zeigen die Vögel beeindruckende Flugmanöver. Die Kolonien, zwischen deren Mitglieder ein komplexes soziales Rangordnungssystem besteht, nisten in unzugänglichen Felswänden. Die Paare bleiben meist zeitlebens beisammen.

COLOEUS MONEDULA

J	F	M	A	M	J	J	A	S	O	N	D
			●	●	●	●					

Dohle

Merkmale Bis zu 34 cm lang. **Schwarz**, nur **Hinterkopf grau**, Augen hell.

Vorkommen In **Städten** (Schloss- und Kirchtürme), Steinbrüchen, **Burgen**, Ruinen, lichtem Wald, auf Feldern und Wiesen.

Biologie Schon Konrad Lorenz untersuchte das faszinierende **Sozialleben** der Dohlen. Die geselligen Vögel mit den charakteristischen **»kjack«-Rufen** bleiben bis zum Tod mit ihrem Partner zusammen. Sie nisten in Baumhöhlen, alten Krähennestern, auch in Nischen und Löchern von Gebäuden. Während das Weibchen brütet, wird es vom Männchen mit Insekten, Schnecken und Würmern gefüttert. Im Winter mischen sich Dohlen gern bei der Nahrungssuche auf Feldern unter Krähenschwärme.

TANNENHÄHER

ALPENDOHLE

DOHLE

CORVUS FRUGILEGUS

J	F	M	A	M	J	J	A	S	O	N	D
		•	•	•	•	•					

Saatkrähe

Merkmale Bis zu 46 cm lang. Schwarz, **Schnabelansatz hell**.

Vorkommen In **offenem Kulturland mit Bäumen**.

Biologie Saatkrähen trifft man ganzjährig im nördlichen Tiefland (bis 300 m NN) an, während sie im Süden fast nur als Wintergast auftauchen. Die **geselligen Vögel** leben das ganze Jahr über in mehr oder weniger großen Trupps. Gemeinsam nisten sie in hohen Bäumen, gehen auf Feldern und Wiesen auf Nahrungssuche (Insekten, Würmer, Schnecken, Samen, Früchte) und treffen sich in der Abenddämmerung an bestimmten Schlafplätzen, zu denen mehrere Tausend Schlafkrähen aus einem Umkreis von 10 km fliegen. Dort herrscht ohrenbetäubender Lärm.

CORVUS CORONE/C. CORNIX

J	F	M	A	M	J	J	A	S	O	N	D
		•	•	•	•	•					

Rabenkrähe/Nebelkrähe

Merkmale Bis zu 47 cm lang. Stirn flach. **Rabenkrähe: schwarz**. **Nebelkrähe**: schwarz, Rücken und Bauch **hellgrau**.

Vorkommen In **offenem Kulturland**, Parks. Rabenkrähe: westlich der Elbe. Nebelkrähe: östlich der Elbe.

Biologie Rabenkrähe und Nebelkrähe (auch als Sammelart Aaskrähe zusammengefasst) teilen sich Europa: Erstere leben im Westen, zweitere in Nord-, Ost- und Südosteuropa einschließlich Italien. In der Kulturlandschaft finden diese Vögel ganzjährig genügend Nahrung. Während der Brutzeit verteidigen die Paare ihr in hohen Bäumen gelegenes Nest gegen Bussarde und andere Greifvögel, was man eindrücklich am Himmel beobachten kann. Nicht brütende Krähen ziehen im Schwarm umher, zu dem sich nach dem Brutgeschäft auch die Paare gesellen. Die Nacht verbringt der Schwarm in Schlafbäumen.

KOLKRABE

J	F	M	A	M	J	J	A	S	O	N	D
	•	•	•	•	•	•					

Kolkrabe

Merkmale Bis zu 64 cm lang. **Schwarz**. **Schnabel kräftig**.

Vorkommen In Wäldern, **Gebirgen**, offener Landschaft.

Biologie Der bussardgroße Kolkrabe ist zugleich die **größte Krähe** und der größte heimische Singvogel. Bei uns wurde er sehr stark verfolgt und ist heute am häufigsten in den Alpen anzutreffen. Kolkraben ernähren sich von verendetem Wild, Abfällen sowie schwachen und kranken Jungtieren. Den großen Horst findet man in hohen Bäumen oder Felswänden. Während das Weibchen brütet, wird es vom Männchen mit Nahrung versorgt. Nach dem Flüggewerden bleiben die Jungen noch mindestens 3 Monate bei ihren Eltern.

SAATKRÄHE

RABENKRÄHE

NEBELKRÄHE

KOLKRABE

PARUS CAERULEUS

J	F	M	A	M	J	J	A	S	O	N	D
			•	•	•	•					

Blaumeise

Merkmale Bis zu 12 cm lang. Männchen **leuchtend blau-oliv-grün-gelb**-schwarz-weiß, Weibchen blasser. Schnabel sehr kurz.

Vorkommen In **Gärten**, Parks, Wäldern, Feldgehölzen.

Biologie Die nur 10 g leichte, gewandte Blaumeise turnt auf der Suche nach kleinen Insekten und Spinnen auch kopfunter in den äußersten Zweiglein der Bäume und Sträucher herum. Früher ein Waldvogel kommt sie heute in vielen Gärten vor. Schon an den ersten warmen Spätwintertagen singt sie in höchsten Tönen und markiert so ihr Brutrevier für die kommende Brutzeit. Als Höhlenbrüter nimmt sie gern Nistkästen mit einem 28-mm-Flugloch an und besucht Meisenknödel.

PARUS MAJOR

J	F	M	A	M	J	J	A	S	O	N	D
		•	•	•	•	•					

Kohlmeise

Merkmale Bis zu 14 cm lang. **Olivgrün**, **Unterseite gelb**, Kopf schwarz-weiß. **Brustband schwarz**, beim Männchen breit, beim Weibchen schmal. Typische **»zizi däh«-Rufe**.

Vorkommen **Überall**, wo Bäume sind: in Städten, Gärten, Wäldern.

Biologie Etwas schwerer als die Blaumeise sucht die häufige Kohlmeise im Geäst nach Insekten und Spinnen. Im Winter ernährt sie sich auch von Samen, Nüssen und Fett. Auch sie brütet in Baumhöhlen und Nistkästen (Flugloch 32 mm): 2 Bruten im Jahr mit bis zu 12 Jungen sind völlig normal. So kann sie die enormen Verluste in kalten Wintern ausgleichen. Da die Jungen mit kleinen Raupen, etwa vom Frostspanner, gefüttert werden, sind Meisen bei Gärtnern beliebt. In den 3 Wochen Nestlingszeit verputzt eine Meisenfamilie bis zu 8000 Raupen.

PARUS ATER

J	F	M	A	M	J	J	A	S	O	N	D
		•	•	•	•	•					

Tannenmeise

Merkmale Bis zu 11 cm lang. Olivgrau, Unterseite hellbräunlich. **Kopf recht groß**, schwarz-weiß, **Nackenfleck weiß**.

Vorkommen In **Nadelwäldern**, auch Gärten und Parks mit Nadelbäumen.

Biologie Das ganze Jahr über kann man in Nadelbaumbeständen die monotonen **»wize-wize«-Rufe** der Tannenmeise hören. Trotz ihres Namens sucht diese **kleinste Meise** bevorzugt in Fichten ihre Nahrung, im Sommer sind das Insekten und Spinnen, im Winter die Samen der Nadelbäume. Nur das Weibchen baut das Nest in Baumspalten, Baum- und Erdhöhlen. Während es etwa 2 Wochen brütet, wird es vom Männchen gefüttert.

BLAUMEISE

KOHLMEISE

TANNENMEISE

PARUS CRISTATUS

J F M A M J J A S O N D

Haubenmeise

Merkmale Bis zu 12 cm lang. Graubraun, Unterseite heller. Kopf und **Federhaube schwarz-weiß**.

Vorkommen In **Nadelwäldern** und nadelholzreichen Mischwäldern, auch in Parks und großen Gärten.

Biologie Die Haubenmeise hält sich in den Baumkronen der Nadelbäume auf, wo sie kleine Insekten und Spinnen erbeutet und als Vorrat versteckt. Daher hört man meist nur ihre hohen, trillernden Rufe. Im Winter ernährt sie sich von den feinen Samen der Nadelbaumzapfen und taucht dann auch in Gärten auf. Sie hackt sich eine Bruthöhle in morsches Holz oder nimmt Spechthöhlen und Nistkästen zum Brüten an.

PARUS PALUSTRIS

J F M A M J J A S O N D

Sumpfmeise

Merkmale Bis zu 12 cm lang. Graubraun, Unterseite heller. Kopfkappe und **Kehlfleck glänzend schwarz**, Kopfseiten und Brust weiß.

Vorkommen In **Wäldern**, Obstgärten, Parks, **Gärten**, Feldgehölzen.

Biologie Die kleinköpfigere Sumpfmeise sieht der Weidenmeise sehr ähnlich. Die beiden Arten haben sich auch erst im Lauf der Eiszeiten durch räumliche Trennung der Ursprungsart entwickelt. Typisch für die Sumpfmeise sind die **»pitschu«-Rufe**. Trotz ihres Namens lebt diese Meise nicht in Feuchtgebieten. Sie ist ziemlich sesshaft und hält sich das ganze Jahr über in ihrem Brutrevier auf. Meist trifft man sie zu zweit an – auch am Futterhäuschen –, denn die Paare bleiben zeitlebens zusammen.

PARUS MONTANUS

J F M A M J J A S O N D

Weidenmeise

Merkmale Bis zu 12 cm lang. Graubraun, Unterseite heller, Flügelfeld weiß. Kopfkappe und **Kehlfleck mattschwarz**, Kopfseiten und Brust weiß.

Vorkommen In feuchten Wäldern, auch im Gebirge und in Auen.

Biologie Am deutlichsten unterscheidet sich die Weidenmeise von der Sumpfmeise durch ihre gedehnten **»zi-däh-däh-däh«-Rufe**. 1–2 Wochen braucht ein Paar, um in zersetztem Holz eine Bruthöhle zu hacken. Sie nehmen aber auch verlassene Eichhörnchen- oder Zaunkönignester an. Nestbau und Brüten ist dann die alleinige Sache des Weibchens. Wie die Sumpfmeise hortet auch diese Meise Samen in Rindenritzen für den Winter.

HAUBENMEISE

SUMPFMEISE

WEIDENMEISE

AEGITHALOS CAUDATUS J F M A M J J A S O N D

Schwanzmeise

Merkmale Bis zu 14 cm lang. **Rötlich-schwarz-weiß**, Unterseite rosa-weißlich. **Körper rund**, **Schwanz sehr lang**, Schnabel winzig.

Vorkommen In Laub-, Misch- und Feuchtwäldern mit **Gebüsch**, Parks.

Biologie Wenn die Schwanzmeisen in kleinen Trupps von Baumkrone zu Baumkrone fliegen, wirken sie wie Bällchen mit Stiel. Kleine Insekten und Raupen picken sie geschickt turnend an den Zweigenden. Dabei dient ihr langer Schwanz als Balancierhilfe. Schwanzmeisen flechten im Gebüsch aus feinen Pflanzenteilen, Spinnfäden, Federn und Wolle ein kunstvolles, eiförmiges Nest, das innen mit bis zu 2000 isolierenden Federn ausgekleidet ist. Für den Bau braucht ein Pärchen ca. 3 Wochen. Im Winter streifen die Vögel weit umher und kommen auch in Gärten. In Europa verschiedene Unterarten.

REMIZ PENDULINUS J F M A M J J A S O N D

Beutelmeise

Merkmale Bis zu 11 cm lang. Rotbraun, Unterseite heller, **Augenmaske schwarz**. Schnabel spitz, lang.

Vorkommen In Schilf- und **Weidenbeständen** an Ufern.

Biologie Beutelmeisen, von denen es weltweit nur etwa 10 Arten gibt, verdanken ihren Namen dem großen, kunstvollen **Hängenest**. Dieses entsteht aus einem zunächst korb-, dann birnenförmigen Grundgerüst aus langen Pflanzenfasern, die mit Pflanzen- und Tierwolle versponnen werden. Die Vögel sammeln Blattläuse und andere kleine Insekten. Im Winter im Mittelmeerraum.

PANURUS BIARMICUS J F M A M J J A S O N D

Bartmeise

Merkmale Bis zu 15 cm lang. Zimtbraun. **Schwanz stufig**, lang. Männchen Kopf bläulichgrau, **»Bart« schwarz**. Weibchen ohne Grau und ohne Bart.

Vorkommen In großen **Schilfbeständen** an Gewässern.

Biologie Die nicht mit den Meisen verwandten Bartmeisen führen ein verstecktes Leben im Schilf. Die geselligen Vögel, die man ab und zu beim zielstrebigen Flug knapp über den Halmen sehen kann, verständigen sich fortlaufend über kurze **»pjing«-Rufe**. Das ist im dichten Halmgewirr auch nötig. Nach der Brut im Schilf, bei der sich die Paare auch gegenseitig helfen, schließen sich die Familien zu Trupps zusammen. Dann bilden sich schon die ersten Paare unter den Jungvögeln.

SCHWANZMEISE

BEUTELMEISE

BARTMEISE

CERTHIA BRACHYDACTYLA

J	F	M	A	M	J	J	A	S	O	N	D
		•	•	•	•	•					

Gartenbaumläufer

Merkmale Bis zu 13 cm lang. Rindenfarben bräunlich, Unterseite hell. Schnabel dünn, lang, **gebogen**. **Stützschwanz**. Zehen sehr lang, gebogen. Gesang **ansteigende** Pfeiftöne.

Vorkommen Lichte **Laubwälder**, (Obst)Gärten, Friedhöfe.

Biologie Der Gartenbaumläufer fällt meist erst auf, wenn er von einem Baum zum Fuß des nächsten Stammes fliegt. Dann läuft er auf der Suche nach Insekten und Spinnen ruckartig den Stamm in Spiralen nach oben. Ab März bietet das Männchen dem Weibchen verschiedene Spalten und Baumhöhlen als Nistplatz zur Auswahl an. Die bis zu 7 Jungen werden von beiden Eltern gefüttert. Bei Frost sammeln sich viele Vögel zum Wärmen an geschützten Plätzen. Der ähnliche **Waldbaumläufer** *(C. familiaris)* kommt vor allem in Nadelwäldern vor; Gesang abfallende Triller. Beide Arten lassen sich am besten am Gesang unterscheiden.

TICHODROMA MURARIA

J	F	M	A	M	J	J	A	S	O	N	D
				•	•	•	•				

Mauerläufer

Merkmale Bis zu 17 cm lang. Grau, **Flügel rot**-weiß-schwarz. Schnabel lang. Männchen Kehle schwarz, Weibchen hellgrau.

Vorkommen In steilen **Felswänden** der Gebirge, im Winter auch im Tal.

Biologie Mit seinen auffällig leuchtenden rot-weiß gemusterten Flügeln und typischer Flugweise erinnert der Mauerläufer an einen Schmetterling. Meist brütet er in den Spalten unzugänglicher, leicht feuchter Felswände der Hochgebirge, aber auch in den Felsen am Schloss Chillon (Genfer See). In den Felswänden findet er Insekten und andere Kleintiere, die er von Vorsprung zu Vorsprung hüpfend erbeutet.

SITTA EUROPAEA

J	F	M	A	M	J	J	A	S	O	N	D
		•	•	•	•						

Kleiber

Merkmale Bis zu 14 cm lang. **Graublau**, unten **rostrot**, Augenstreif schwarz, Kehle weiß. Schnabel kräftig, Schwanz kurz.

Vorkommen In **Laub- und Mischwäldern**, Parks und Gärten.

Biologie Der Kleiber klettert geschickt am Baumstamm empor. Als einziger Vogel Europas läuft er aber auch mit dem Kopf voran stammabwärts. Bei der Suche nach Insekten und anderen Kleintieren hämmert er deutlich hörbar in der Rinde. Besonders im Winter ernährt sich dieser Vogel auch von Samen, die er gern versteckt. Er brütet in Baumhöhlen, Mauerlöchern und Nistkästen. Zu große Einfluglöcher verkleinert er mit feuchtem Lehm, bis er gerade noch durch passt (Name Kleiber = Kleber).

GARTENBAUMLÄUFER

MAUERLÄUFER

KLEIBER

ALAUDA ARVENSIS J F M A M J J A S O N D
• • • • •

Feldlerche

Merkmale Bis zu 19 cm lang. **Erdfarben** gefleckt.

Vorkommen Offene **Feld-** und **Wiesenlandschaft**; Brachland.

Biologie Von Februar bis Anfang Juli kann man über extensiv genutzten, baumarmen Feldern und Wiesen den herrlichen Gesang der Feldlerche hören. Dazu steigt das Männchen senkrecht in die Luft und singt im typischen Singflug bis zu 6 Minuten lang pausenlos in großer Höhe. Danach gleitet es langsam herunter und hört erst kurz vor der Landung auf zu singen. Das Nest dieses ursprünglichen Steppenvogels ist eine flache Bodenmulde zwischen niedrigen Pflanzen. Da bei uns die meisten Landwirtschaftsflächen häufig gemäht sowie mit Düngern und Insektiziden behandelt werden, ist die Feldlerche selten geworden.

GALERIDA CRISTATA J F M A M J J A S O N D
• • • • •

Haubenlerche

Merkmale Bis zu 17 cm lang. **Bodenfarben**. **Federhaube**.

Vorkommen **Brachland**, Fabrikgelände, Bahndämme, Dünen.

Biologie Die Haubenlerche bewohnt dürre, karge Lebensräume. Dort hält sie sich meist am Boden auf, wo sie Samen sucht, im Sommer auch Kleintiere erbeutet und brütet. Während der Brutzeit singt sie häufig; imitiert auch andere Vogelstimmen.

ANTHUS TRIVIALIS J F M **A M J J A S O** N D
• • • •

Baumpieper

Merkmale Bis 15 cm lang. Bräunlich gestreift, **Brust gelblich**.

Vorkommen Am **Waldrand**, in Feld-, Wiesen-, Heidelandschaft.

Biologie Von anderen Piepern kann man den Baumpieper am besten an seinem typischen Singflug erkennen: Von einem erhöhten Platz aus (etwa Baumwipfel) steigt das Männchen steil in die Luft und beginnt seinen lauten, wohlklingenden Gesang kurz bevor es den höchsten Punkt erreicht hat. Dann gleitet es wie ein Fallschirm mit gespreizten Flügeln abwärts und landet »zia-zia«-rufend wieder auf einem erhöhten Platz.

ANTHUS PRATENSIS J F M A M J J A S O N D
• • • • •

Wiesenpieper

Merkmale Bis zu 14 cm lang. Unauffällig bräunlich gestreift.

Vorkommen In offener, feuchter Wiesen- und **Feldlandschaft**.

Biologie Nur selten hält sich der Wiesenpieper auf Bäumen auf. Sein Singflug ähnelt dem des Baumpiepers; Start vom Boden.

FELDLERCHE

HAUBENLERCHE

BAUMPIEPER

WIESENPIEPER

MOTACILLA FLAVA J F M **A M J J A S** O N D

Wiesenschafstelze (Schafstelze)

Merkmale Bis zu 17 cm lang. **Olivgrün**, Unterseite **gelb**, Überaugenstreifen weiß. Kopfzeichnung und -färbung variabel.

Vorkommen Feuchte **Wiesen**, **Felder**, Sumpf, Moor, Heide.

Biologie Die Schafstelze sucht ihre Nahrung gern auf beweideten Wiesen, Getreide- und Kartoffelfeldern. Sie erbeutet Spinnen, Insekten und deren Larven am Boden oder in kurzem Fangflug. Ihr Nest liegt versteckt zwischen dichten Gräsern. Abends versammeln sich Schafstelzen gern in großen Trupps an Schlafplätzen im Schilf. Bei uns begegnen sich verschiedene Unterrassen aus Spanien, England, Italien, dem Norden und Mitteleuropa, die man an der unterschiedlichen Kopfzeichnung der Männchen erkennen kann. Da sich diese miteinander verpaaren, entstehen Nachkommen mit neuen Farbvarianten.

MOTACILLA CINEREA **J F M A M J J A S O N D**

Gebirgsstelze

Merkmale Bis zu 19 cm lang. **Blaugrau**, Unterseite **gelb**, Überaugenstreifen gelb. Männchen zur Brutzeit **Kehle schwarz**.

Vorkommen An sauberen, **schnell fließenden Flüssen** und Bächen, vor allem im Gebirge.

Biologie Unter den Stelzen ist die Gebirgsstelze am meisten an klare, schnell fließende Gewässer gebunden. Direkt am Wasser fängt sie vor allem Mücken, Fliegen und Schnaken. Da das laute Tosen des strömenden Wassers Rufe und Gesänge schluckt, kommuniziert dieser Vogel mit Artgenossen auf optische Weise durch auffallend wippenden Schwanz und Hinterteil. Das Nest liegt in der Uferböschung oder an Brücken.

MOTACILLA ALBA **J F M A M J J A S O N D**

Bachstelze

Merkmale Bis zu 18 cm lang. **Grau**, Bauch weiß, **Kopf schwarz-weiß**. Männchen Kehle und Brust schwarz, im Herbst nur schwarzes Brustband. Weibchen blasser, Nacken grau. **Schwanz sehr lang**.

Vorkommen In **Siedlungen**, offener Landschaft.

Biologie Fliegen, Mücken und andere Insekten sucht die lebhafte Bachstelze nicht nur in Gewässernähe, sondern auch auf Feldern, Weiden (Kuhfladen), Straßen und Dächern. Seine Nester findet man an ungewöhnlichen Orten – unterm Dachfirst, in Mauerlücken oder Kletterpflanzen, auch in besetzten Graureiherhorsten oder Baumaschinen. Die meisten Bachstelzen überwintern in West- und Südeuropa, einzelne bleiben jedoch bei uns.

WIESENSCHAFSTELZE

GEBIRGSSTELZE

BACHSTELZE

PHYLLOSCOPUS SIBILATRIX J F M **A M J J A S** O N D

Waldlaubsänger

Merkmale Bis zu 12 cm lang. **Gelbgrün**, Unterseite weißlich, Kehle und **Brust schwefelgelb**, Überaugenstreifen gelblich.

Vorkommen In gebüscharmen Laub- und **Mischwäldern**.

Biologie Der grünlich gelbe Waldlaubsänger, der größte heimische Laubsänger, bewohnt meist Rotbuchenwälder. In den Baumkronen singt er nur im April und Mai seinen typischen Gesang, der wie eine anlaufende Nähmaschine klingt. Manchmal hört man auch eine Folge von »düh-düh«-Tönen. Unter Grasbüscheln baut das Weibchen ein kugelförmiges Nest mit seitlichem Eingang. In der ersten Lebenswoche bleibt das Weibchen die meiste Zeit bei den Jungen, um sie zu wärmen.

PHYLLOSCOPUS COLLYBITA J F **M A M J J A S O** N D

Zilpzalp (Weidenlaubsänger)

Merkmale Bis zu 11 cm lang. Olivbraun, Unterseite hell, **Beine schwärzlich**.

Vorkommen In strukturreichen Laub- und **Mischwäldern**, Feldgehölzen, **Gärten**, Parks und auf Friedhöfen.

Biologie In der freien Natur lässt sich der häufige Zilpzalp vom täuschend ähnlichen Fitis durch den Gesang unterscheiden. Wie sein Name ruft er eintönig »zilp-zalp-zalp-zilp«, sogar im Herbst, bevor er zum Überwintern in den Mittelmeerraum fliegt. Hin und wieder überwintern auch einzelne Vögel bei uns. Insekten, Spinnen und andere Kleintiere sucht der Zilpzalp meist in den Ästen und Zweigen. Gut kann man ihn nach seiner frühzeitigen Rückkehr aus dem Winterquartier in Weiden beobachten.

PHYLLOSCOPUS TROCHILUS J F M **A M J J A S O** N D

Fitis

Merkmale Bis zu 11 cm lang. Olivbraun, Unterseite heller, **Beine fleischfarben**.

Vorkommen In strukturreichen Laub-, Misch- und **Auwäldern**, Feldgehölzen, Mooren und Heiden.

Biologie Von seinen in West- und Südafrika gelegenen Überwinterungsgebieten kehrt der Fitis später zurück als der sehr ähnliche Zilpzalp. Auf dem Weg zu seinen außerhalb der Siedlungen gelegenen Brutplätzen hört man seinen schwermütigen, weichen Gesang auch manchmal in Gärten. Seine Rufe klingen wie **»hü-iht«** und unterscheiden sich deutlich vom Zilpzalp. Sein Nest liegt versteckt am Boden zwischen dichtem Bewuchs. Im Alter von 2 Wochen sind die bis zu 8 Jungen flugfähig, sie bleiben noch bis zu 3 Wochen bei den Eltern.

WALDLAUBSÄNGER

ZILPZALP

FITIS

ACROCEPHALUS PALUSTRIS J F M A **M J J A S** O N D

Sumpfrohrsänger

Merkmale Bis zu 12 cm lang. Olivbraun, Unterseite gelblich, **Kehle weiß**.

Vorkommen In **feuchtem Gebüsch** und Schilf an und etwas fern von Gewässern, in Sümpfen, dichten **Brennnesselbeständen**, Getreidefeldern.

Biologie Der Sumpfrohrsänger ist ein Meistersänger, auch nachts: Bis zu 100 verschiedene Vogelstimmen baut ein einziger Vogel in seine wohltönenden Gesänge ein, darunter viele aus dem afrikanischen Überwinterungsgebiet. Die jungen Vögel können erstaunlicherweise noch bei ihrem ersten Winteraufenthalt in Südostafrika neue Stimmen lernen. Gern legt der Kuckuck sein Ei in das zwischen hohen Pflanzen angelegte Nest. Oftmals teilen die Eltern die flüggen Jungen in 2 Gruppen und versorgen sie getrennt. Der ähnliche, mehr an Gewässer gebundene **Teichrohrsänger** *(A. scirpaceus)* singt monoton »tek-tek-tirri-tirri«.

ACROCEPHALUS ARUNDINACEUS J F M **A M J J A S** O N D

Drosselrohrsänger

Merkmale Bis zu 20 cm lang. Olivbraun, Unterseite hell, **Überaugenstreifen hell**, breit.

Vorkommen In ausgedehnten **Schilfgebieten** an Gewässern.

Biologie Mit lautstarkem **»karre-karre-kiet-kiet«** markiert das Männchen während der Brutzeit sein Revier, das mitten im dichten, hohen Schilf liegt. Der größte heimische Rohrsänger sitzt dabei oft frei an einem Schilfhalm. Je früher das Männchen aus dem Überwinterungsgebiet südlich der Sahara heimkommt, umso größer sind seine Chancen, sich mit mehreren Weibchen zu paaren. Das Weibchen flechtet das hängende Korbnest kunstvoll aus Schilfblättern an die Schilfhalme.

ACROCEPHALUS SCHOENOBAENUSJ F M **A M J J A S** O N D

Schilfrohrsänger

Merkmale Bis zu 13 cm lang. Braun gestrichelt, Unterseite hell, **Kopfkappe dunkel** gestrichelt, Überaugenstreifen hellbraun.

Vorkommen In Schilf und **Verlandungszone** der Gewässer, in Sümpfen.

Biologie Der markanteste heimische Rohrsänger besiedelt die eher trockenen Gewässerbereiche mit Schilf, Gräsern und Gebüsch. Der wenig scheue Vogel trägt seinen schnarrenden »woid-woid«-Gesang nicht nur von erhöhten Plätzen, sondern auch im Flug (Singflug) vor. Wie die meisten Insektenfresser verlässt er uns im Herbst, verbringt den Winter in der Sahelzone Afrikas.

SUMPFROHRSÄNGER

DROSSELROHRSÄNGER

SCHILFROHRSÄNGER

SYLVIA ATRICAPILLA J F M **A M J J A S O** N D

Mönchsgrasmücke

Merkmale Bis zu 14 cm lang. Grünlichbräunlich, Unterseite aschgrau. Männchen **Kopfplatte schwarz**, Weibchen rotbraun.

Vorkommen **Wälder**, Feldgehölze, Parks, **Gärten**, Friedhöfe.

Biologie Die Mönchsgrasmücke, eine unserer häufigsten Brutvögel, ist sogar bis in die Zentren der Städte vorgedrungen. Sie lebt recht versteckt im Geäst der Bäume und Sträucher. Meist fällt sie erst durch ihren markanten, zwitschernden Gesang auf. Wie henkellose Körbchen hängen die locker geflochtenen Nester in den Zweigen. Mit dem feinen Schnabel sammeln die Vögel Insekten und Spinnen, fressen aber auch gern saftige Früchte wie Holunderbeeren. Viele Mönchsgrasmücken ziehen im Herbst nicht mehr ans Mittelmeer, sondern nach England, wo Vögel seit über 35 Jahren eifrig gefüttert werden, oder bleiben sogar bei uns.

SYLVIA BORIN J F M **A M J J A** S O N D

Gartengrasmücke

Merkmale Bis zu 14 cm lang. **Eintönig** graubräunlich, Unterseite heller.

Vorkommen **Wälder**, Parks, Hecken, Feld- und Ufergebüsch.

Biologie Die unscheinbare Gartengrasmücke hält sich meist im dichten Gebüsch auf. Würde sie nicht lang anhaltend mit kräftigen Flöten- und vollen Orgeltönen singen, würde man sie nicht wahrnehmen. Wie viele Vögel, die südlich der Sahara bis Südafrika überwintern, hat sie bei uns nur 4 Monate Zeit zum Besetzen der Brutreviere, Nestbauen, Brüten und zur Aufzucht der 3–5 Jungen. Der Gartengrasmücke verdanken wir viele Erkenntnisse über den Vogelzug.

SYLVIA COMMUNIS J F M **A M J J A S** O N D

Dorngrasmücke

Merkmale Bis zu 14 cm lang. Grau, Unterseite heller, Kehle weiß, **Flügel rostbraun-schwarz**, Weibchen blasser.

Vorkommen Gebüsch- und **Heckenlandschaft**, Waldrand.

Biologie Dort, wo Neuntöter und Bluthänfling leben, kommt auch die Dorngrasmücke vor. Rastlos hüpft sie auf der Suche nach Insekten und Spinnen von Zweig und Zweig und ist dabei immer wieder kurz zu sehen. Das Männchen beginnt mit dem Bau mehrerer Nester, zwischen denen das mit auffälligem Gehabe angebalzte Weibchen wählen kann. Nach Dürrezeiten in der Sahelzone, dem Wintergebiet, gibt es bei uns stets weniger Dorngrasmücken. Ähnlich ist die sehr versteckt lebende **Klappergrasmücke** *(S. curruca)* mit typisch klapperndem Gesang.

MÖNCHSGRASMÜCKE, ♂ und ♀

GARTENGRASMÜCKE

DORNGRASMÜCKE

LOCUSTELLA NAEVIA J F M A M J J A S O N D

Feldschwirl

Merkmale Bis zu 13 cm lang. Olivbraun, dunkel gefleckt, Unterseite weißlich bis beige. **Schwanz rundlich**, gestuft.

Vorkommen In **Feuchtwiesen**, Sumpfgebieten, Mooren mit Büschen.

Biologie Der grillenähnliche Gesang, der nachts oft bis zu 10 Minuten lang ertönt, ist das auffälligste Merkmal dieses unscheinbaren, versteckt lebenden Vogels. Weil der Feldschwirl dabei seinen Kopf hin und her dreht, kann man seine genaue Position nur schlecht ausmachen. Wird er entdeckt, verschwindet er mäuseartig im Gebüsch. Dort erbeutet er auch pickend verschiedene Insekten, Spinnen und andere Kleintiere. Wegen der Zerstörung von Feuchtgebieten ist der Feldschwirl vielerorts verschwunden.

REGULUS REGULUS J F M A M J J A S O N D

Wintergoldhähnchen

Merkmale Bis zu 9 cm lang. Rundliche Gestalt. Grauolivgrün, Unterseite heller, Flügelbinde weiß. **Scheitel gelb-schwarz**, Männchen mit Orange.

Vorkommen In **Nadelwäldern**, auch in größeren Parks.

Biologie Nur 5 g, so viel wie eineinhalb Würfelzucker, wiegt dieser **kleinste Vogel Europas**! Gern hält er sich in hohen Nadelbäumen auf, wo man die feinen, sehr hohen »si-si«-Töne hört. Dort baut er aus Moosen, Spinnfäden, Flechten und Federn ein dichtes, mehrlagiges Nest, das hervorragend die nur 0,6 g schweren Eier wärmt und Regen abhält. Auf der Unterseite der Äste sucht das Wintergoldhähnchen kleinste Insekten und Spinnen. Im Winter ziehen die Vögel umher, besuchen auch Futterhäuschen.

REGULUS IGNICAPILLA J F M A M J J A S O N D

Sommergoldhähnchen

Merkmale Bis zu 9 cm lang. Rundliche Gestalt. Olivgrün, Unterseite weißlich. **Kopfseite schwarz-weiß**. Männchen **Scheitel orange-schwarz**, Weibchen gelb-schwarz.

Vorkommen Nadel-, **Mischwälder**, größere Parks, Friedhöfe.

Biologie Anders als das ähnliche Wintergoldhähnchen verlässt uns das Sommergoldhähnchen im Herbst. Es verbringt den Winter im Mittelmeerraum. 22 Tage lang baut das Weibchen das dichte Moosnest an die Unterseite von Nadelbaumästen. Beim Brüten der bis zu 13 Eier wird es vom Männchen versorgt. Dieses kümmert sich auch fast allein um die Jungen der 1. Brut, während das Weibchen ein 2. Mal brütet.

FELDSCHWIRL

WINTERGOLDHÄHNCHEN

SOMMERGOLDHÄHNCHEN

HIPPOLAIS ICTERINA J F M A **M J J A** S O N D

Gelbspötter

Merkmale Bis zu 13 cm lang. Grauolivgrün, Unterseite und Überaugenstreifen gelblich. **Kopf eckig**, Scheitelfedern gesträubt.

Vorkommen In lichten Laub-, **Mischwäldern**, Parks, Gärten.

Biologie Wie sein Name verrät, baut der Gelbspötter Passagen anderer Vogelstimmen (Feldlerche, Pirol, Stieglitz, Amsel) in seinen Gesang ein, der meist aus den lichten Baumkronen ertönt. Noch vor 100 Jahren war er einer der häufigsten Gartenvögel bei uns. Ähnlich ist der **Orpheusspötter** *(H. polyglotta)*, der den Gelbspötter in Südwesteuropa ablöst.

MUSCICAPA STRIATA J F M A **M J J A S** O N D

Grauschnäpper

Merkmale Bis zu 15 cm lang. **Graubraun**, unten hell, Brust gestrichelt.

Vorkommen **Gärten**, Parks, Friedhöfe, Laub- und Mischwälder.

Biologie Gern sitzt der Grauschnäpper auf einem erhöhten Platz, von dem aus er vorbeifliegende Insekten, auch Bienen und Wespen, jagt. Brütet in Baumhöhlen und Halbhöhlen-Nistkästen, auch in Schwalbennestern oder Mauernischen. Winter in Südafrika.

FICEDULA HYPOLEUCA J F **M A M J J A S** O N D

Trauerschnäpper

Merkmale Bis zu 13 cm lang. Schwarz. Unterseite, Stirn- und **Flügelfleck weiß**. Weibchen blasser.

Vorkommen In **Wäldern**, (Obst-)**Gärten**, Parks, Gebüsch.

Biologie Auch der Trauerschnäpper jagt von einem erhöhten Platz (Sitzwarte) aus fliegende und am Boden sitzende Insekten. Sind bei seiner Rückkehr aus dem Wintergebiet (Südostafrika) alle Nistkästen und Baumhöhlen besetzt, vertreibt er auch Meisen und baut sein Nest auf deren mit Eiern bestücktes Nest. Oftmals sind Männchen auch gleichzeitig mit 2 oder 3 brütenden Weibchen zusammen.

FICEDULA ALBICOLLIS J F M **A M J J A S** O N D

Halsbandschnäpper

Merkmale Bis zu 13 cm lang. Schwarz-weiß, **Halsband weiß**.

Vorkommen **Laubwälder**, **Parks**, (Obst-)Gärten, Friedhöfe.

Biologie Der Halsbandschnäpper ist dem Trauerschnäpper so ähnlich, so dass sich diese beiden Arten manchmal auch erfolgreich miteinander paaren und Junge groß ziehen.

GELBSPÖTTER

GRAUSCHNÄPPER

TRAUERSCHNÄPPER

HALSBANDSCHNÄPPER

ERITHACUS RUBECULA J F M **A M J J A** S O N D

Rotkehlchen

Merkmale Bis zu 14 cm lang. Olivbraun, Unterseite graubraun. Gesicht, Kehle und **Brust orangerot**. **Augen groß**.

Vorkommen In **Wäldern**, **Gärten**, Parks, Feldgehölzen, auf Friedhöfen.

Biologie Nur zum Singen seines abwechslungsreichen, schwermütigen Gesangs kann man das Rotkehlchen auf Ästen und anderen erhöhten Plätzen beobachten, auch nachts im Schein einer Straßenlampe. Sonst hält es sich meist in Bodennähe auf, wo es Insekten, Würmer und Schnecken erbeutet und sein napfförmiges Nest baut. Wegen seiner großen Augen und der oftmals rundlichen Gestalt wirkt das zutrauliche Rotkehlchen niedlich – gegenüber Artgenossen verhält es sich jedoch überaus aggressiv und zänkig. Typisch sind auch die scharfen »zick«-Rufe.

SAXICOLA RUBETRA J F M A **M J J A** S O N D

Braunkehlchen

Merkmale Bis zu 13 cm lang. Bräunlich gestreift, **Brust hellbraun** bis rötlichocker, Überaugen- und **Kinnstreifen weiß**. Weibchen blasser.

Vorkommen In **Wiesenlandschaften**, Moorgebieten.

Biologie Das Braunkehlchen baut sein Nest in Mulden am Wiesenboden, die bis zu 8 Jungen sind frühestens ab Juni flügge. Da heutzutage bei uns die Wiesen aber schon im Mai gemäht werden, werden viele Bruten zerstört. Zudem reduziert der Einsatz von Giften das Nahrungsangebot an Insekten. Folglich gilt diese Art als stark bedroht. Auf ein brütendes Paar wird man meist aufmerksam, wenn der Nistmaterial oder Futter transportierende Vogel auf dem Weg zum Nest auf einem Pfahl oder einer herausragenden Pflanze zwischenlandet.

SAXICOLA RUBICOLA (TORQUATA) J F M **A M J J A** S O N D

Schwarzkehlchen

Merkmale Bis zu 13 cm lang. Schwarzbraun, Unterseite heller, **Brust rostrot**. Bauch, Flügelstreifen und **Nackenband weiß**. Weibchen blasser.

Vorkommen Wiesen, **Brachland**, Kiesgruben mit Büschen.

Biologie Das Schwarzkehlchen liebt warme, trockene Lebensräume. Da es diese zuhauf im Mittelmeerraum gibt, trifft man diesen Vogel dort besonders häufig an. Dort überwintern auch die bei uns brütenden Vögel. Schwarzkehlchen tragen ihren kratzenden Gesang gern von Pfählen oder niedrigen Busch- und Baumspitzen aus vor.

ROTKEHLCHEN

BRAUNKEHLCHEN, ♂

SCHWARZKEHLCHEN, ♂

SCHWARZKEHLCHEN, ♀

PHOENICURUS OCHRUROS J F **M A M J J A S O** N D

Hausrotschwanz

Merkmale Bis zu 14 cm lang. Bürzel und **Schwanz rostrot**. Männchen schwarzbraun, Weibchen graubraun.

Vorkommen In **Siedlungen**, Industriegebieten, sonnigen **Gebirgen**.

Biologie Für den ursprünglich in Felsregionen vorkommenden Hausrotschwanz sind die steinernen Fassaden der Gebäude in unseren Städten hervorragende Ersatzlebensräume. In der Schweiz gehört er zu den am weitesten verbreiteten Brutvögeln, denn er brütet bis in die 3200 m hohen Gipfelregionen. Schon kurz nachdem er aus dem Winterquartier rund ums Mittelmeer zurückgekehrt ist, markiert er von frühmorgens bis spätabends mit krächzendem Gesang sein Brutrevier, das in Fels- und Mauernischen liegt. Häufig zittert und knickst er mit seinem Schwanz.

PHOENICURUS PHOENICURUS J F M **A M J J A S O** N D

Gartenrotschwanz

Merkmale Bis zu 14 cm lang. Bürzel und **Schwanz rostrot**. Männchen graublau, Unterseite rostorange, **Stirn weiß**, Kopfseiten und Kehle schwarz. Weibchen warm bräunlich, Unterseite beigeorange.

Vorkommen In lichten Wäldern, Obstgärten, Gärten und Parks.

Biologie Wie der Hausrotschwanz startet auch der Gartenrotschwanz von erhöhten Sitzwarten in Gebüschen aus zu kurzen Jagdflügen nach Käfern, Insekten und Spinnen. Als Langstreckenzieher, der den Winter in den afrikanischen Savannen verbringt, kehren die Männchen viel früher zu uns zurück als die Weibchen. Sie suchen passende Nistplätze in Baumhöhlen aus, nehmen aber auch gern Nistkästen an.

OENANTHE OENANTHE J F M **A M J J A S O** N D

Steinschmätzer

Merkmale Bis zu 16 cm lang. Grau, Unterseite hellocker, Flügel und **Kopfseiten schwarz**, Bürzel und **Überaugenstreifen weiß**. Weibchen blasser.

Vorkommen In niedrig bewachsenem **Brachland**, Heiden, Gebirgen.

Biologie Nur im Flug erkennt man die markante schwarze T-Zeichnung auf dem Schwanz. Als Bewohner trockener, felsiger Landschaften baut der Steinschmätzer sein Nest in Bodenmulden und -spalten. Dort kann man in Frühjahr auch die rasanten Balztänze der Männchen beobachten. Auf dem Boden hüpfend jagen die Vögel Insekten oder stehen dazu rüttelnd in der Luft.

HAUSROTSCHWANZ, ♂

HAUSROTSCHWANZ, ♀

GARTENROTSCHWANZ, ♂

GARTENROTSCHWANZ, ♀

STEINSCHMÄTZER, ♂

STEINSCHMÄTZER, ♀

LUSCINIA MEGARHYNCHOS J F M **A M J J A S** O N D

Nachtigall

Merkmale Bis zu 17 cm lang. **Braun**, Unterseite heller, **Schwanz rotbraun**.

Vorkommen In **gebüschreichen Wäldern**, **Gärten**, Parks, auf Friedhöfen.

Biologie Legendär ist der wohlklingende, **schluchzende Gesang** der Nachtigall, die übrigens auch bei Tag singt. Dicke Männchen haben die besten Chancen auf eine Partnerin, unverpaarte Männchen sind besonders ausdauernde Sänger. Selten sieht man den unscheinbaren Vogel, der sich meist im dichten Gebüsch aufhält. Auch zur Nahrungssuche am Boden (Insekten, Spinnen und andere Kleintiere) verlässt dieser Vogel mit dem oft gestelzten Schwanz die Pflanzendeckung nicht. Dort befindet sich auch das lockere Nest. Im Winter im tropischen Afrika.

LUSCINIA LUSCINIA J F M **A M J J A S** O N D

Sprosser

Merkmale Bis zu 17 cm lang. Graubraun, Unterseite heller, Schwanz rötlich.

Vorkommen In feuchten **gebüschreichen Wäldern**, gern in Wassernähe.

Biologie Nach Osten hin löst der Sprosser die zum Verwechseln ähnliche Nachtigall ab. Allerdings singt der Sprosser lauter, kräftiger, aber ohne Schluchzen. Das Weibchen flechtet das Nest aus Halmen und kleinen Zweigen zwischen die bodennahen Pflanzen. Es brütet allein und wärmt die Jungen in den ersten Lebenstagen fast ständig, während das Männchen Futter (Insekten, Spinnen, Asseln und Tausendfüßer) besorgt. Dort, wo Nachtigall und Sprosser vorkommen, gibt es auch Mischpaare, die erfolgreich brüten. Im Herbst ziehen die Vögel nach Ostafrika.

LUSCINIA SVECICA CYANECULA J F **M A M J J A S** O N D

Weißsterniges Blaukehlchen

Merkmale Bis zu 14 cm lang. Graubraun, **Schwanzwurzel rostrot**. Männchen **Kehle blau-weiß**, Weibchen weiß.

Vorkommen Im Schilf, Weidengebüsch, Auwald.

Biologie Vom Verhalten her ähnelt das Blaukehlchen dem Rotkehlchen: Es hüpft auf der Suche nach kleinen Bodentieren am Erdboden umher, dabei hin und wieder mit dem Schwanz zuckend. Im bodennahen Nest zieht ein Pärchen bis zu 7 Junge heran und wird beim Versorgen möglicherweise von Artgenossen unterstützt. Die in den Alpen und Nordeuropa lebenden Blaukehlchen *(L. s. svecica)* haben einen roten Fleck im Blau der Kehle.

NACHTIGALL

SPROSSER

WEISSSTERNIGES BLAUKEHLCHEN

PRUNELLA MODULARIS

J	F	M	A	M	J	J	A	S	O	N	D
			•	•	•	•	•				

Heckenbraunelle

Merkmale Bis zu 14 cm lang. Braun gestreift, Kopf und Unterseite **schiefergrau**. **Schnabel dünn**, schwarz.

Vorkommen In **gebüschreichen Wäldern**, Feldgehölzen, **Gärten**, Parks.

Biologie Die Heckenbraunelle ist unter den häufigen heimischen Brutvögeln am unauffälligsten. Obwohl sie fast überall vorkommt, sieht man die meist einzeln auftretenden Vögel mit dem unscheinbaren Gefieder, Verhalten und Gesang selten. Am ehesten wird man durch ihre scharfen **»zieh«-Rufe** auf sie aufmerksam, die besonders in der morgendlichen Dämmerung von der Spitze eines niedrigen Strauches ertönen. Dennoch nehmen es Heckenbraunellen bei der Paarbildung nicht so genau, sondern bewahren sich auch während der Brutzeit ein Stück Einzelgängertum: Männchen und Weibchen verteidigen mit Gesang ihr Revier, die sich überlappen können. Oftmals haben sowohl die Männchen als auch die Weibchen gleichzeitig mehrere Partner. Aber nur das Weibchen baut das recht große Nest aus Moosen in Nadelbäume oder Sträucher und brütet. Die Jungen werden dann von beiden Eltern gefüttert. Im Sommer suchen die Vögel am Boden ruckartig hüpfend nach kleinen Insekten und Spinnen, im Winter ernähren sie sich von kleinen Samen.

TROGLODYTES TROGLODYTES

J	F	M	A	M	J	J	A	S	O	N	D
			•	•	•	•	•				

Zaunkönig

Merkmale Bis zu 10 cm lang. **Braun**, dunkel bis schwarz gemustert, Unterseite heller. **Schwanz kurz**, Flügel kurz.

Vorkommen In gebüschreichen **Wäldern**, Gärten, Parks, auf Friedhöfen (Steinmauern), gern auch in Wassernähe.

Biologie Nach den beiden Goldhähnchen (siehe S. 124) ist der Zaunkönig der drittkleinste Vogel Europas. Ungewöhnlich laut für so einen kleinen Vogel ist sein schmetternder, scharfer Gesang, dessen Schalldruck einer Bohrmaschine gleicht und der auch im Winter zu hören ist. Der sehr lebhafte Zaunkönig huscht wie eine Maus am Boden und durchs Gebüsch, wobei er häufig mit dem meist hochgestellten Schwanz knickst. Dort sucht er kleine Insekten, Spinnen und Weberknechte. Im zeitigen Frühjahr beginnt das Männchen mit dem Bau mehrerer bodennaher Moosnester, von denen sich das Weibchen eines auswählt und zum Kugelnest mit seitlichem Eingang fertig baut. Jeden Tag legt das Weibchen ein Ei und beginnt erst mit der Brut, wenn das letzte der bis zu acht Eier gelegt ist. Nahezu gleichzeitig schlüpfen dann die winzigen Jungen, während das Männchen oft schon eine zweite Familie gründet. Auffällig ist auch der geradlinige, schnurrende Flug dicht über dem Boden.

HECKENBRAUNELLE

ZAUNKÖNIG

CINCLUS CINCLUS

J F M A M J J A S O N D

Wasseramsel

Merkmale Bis zu 19 cm lang. Schwarzbraun, Kehle und **Brust weiß**, Bauch rotbraun. Schwanz kurz.

Vorkommen An **schnell fließenden Bächen** und Flüssen.

Biologie Die Wasseramsel ist der einzige Singvogel Europas, der **tauchen** kann. Am Grund schnell fließender Gewässer sammelt er gegen die Strömung laufend bis in 1,5 m Tiefe Insektenlarven, Flohkrebse und andere kleine Wassertiere auf. Wie eine Maus huscht er wieder auf Steine oder Erhebungen im Bachbett, um im nächsten Moment wieder abzutauchen. Im geradlinigen Flug folgt die Wasseramsel in niedriger Höhe dem Wasserlauf. Singt feldlerchenähnlich. Ein Pärchen bewohnt einen etwa 1 km langen Flussabschnitt. Beide bauen ein kugelförmiges Nest in Höhlungen unmittelbar am Wasser.

BOMBYCILLA GARRULUS

J F M A M J J A S O N D

Seidenschwanz

Merkmale Bis zu 21 cm lang. Rötlich graubraun, Flügel **schwarz-weiß-gelb-rot**, Kehle und Augenstreif schwarz. Kopf mit **Haube**.

Vorkommen Wintergast in **Streuobstwiesen**, Wäldern, Parks.

Biologie Im Winter, wenn in Skandinavien die Nahrung (Eberesche, Schneeball) knapp wird, fallen kleine bis riesige Gruppen von Seidenschwänzen bei uns in fruchtbehangenen Obst- und Beerengehölzen sowie an Misteln ein. Im Magen fangen die großen Mengen an Früchten, von denen sich die Vögel im Winter ernähren, rasch an zu gären und bilden Alkohol. Diesen können Seidenschwänze auch dank ihrer großen Leber 14-mal schneller abbauen als der Mensch.

TURDUS MERULA

J F M A M J J A S O N D

Amsel (Schwarzdrossel)

Merkmale Bis zu 25 cm lang. Männchen **schwarz**, Augenring und Schnabel **gelb**. Weibchen dunkelbraun.

Vorkommen In **Gärten**, Parks, Wäldern, Feldgehölzen.

Biologie Die Amsel gehört zu den Vögeln, die am meisten vom Menschen profitiert hat. Sie hat sich in den letzten 150 Jahren vom scheuen Waldvogel zum typischen Gartenvogel gewandelt, der dank ausreichend Nahrung, Nistplätzen und Wärme bis zu viermal im Jahr brütet. Besonders morgens, abends und nach Regenschauern singen die Männchen von einem hohen Platz aus ihr **wehmütiges Lied**. Bei der geringsten Gefahr hört man die scharfen **»tix«-Rufe**. Auf dem Rasen finden Amseln Regenwürmer, in Beeten Schnecken und Früchte.

WASSERAMSEL

SEIDENSCHWANZ

AMSEL, ♂

AMSEL, ♀

TURDUS PHILOMELOS — J F **M A M J J A S O** N D

• • • • • (A M J J A)

Singdrossel

Merkmale Bis zu 23 cm lang. Braun, Unterseite weißlich gelblich mit **dunklen Punkten**. Flügelunterseite gelblich braun.

Vorkommen In **Wäldern**, Gärten und Parks.

Biologie Die Singdrossel lebt unter den Drosseln am verstecktesten: Auf der Suche nach Gehäuseschnecken (ihrer Lieblingsspeise, die sie auf einem harten Gegenstand aufschlägt), Käferlarven, Regenwürmern und Beeren (Heidelbeeren, Holunder) huscht sie raschelnd durchs Gebüsch. Ihren lauten, flötenden Gesang trägt sie auch im Geäst der Bäume vor.

TURDUS VISCIVORUS — **J F M A M J J A S O N D**

• • • • • • (M A M J J A)

Misteldrossel

Merkmale Bis zu 27 cm lang. **Graubraun**, Unterseite gelblich weiß mit dunklen Flecken. Flügelunterseite weiß.

Vorkommen In lichten Wäldern, Streuobstwiesen, Parks, Gärten.

Biologie Die größte heimische Drossel liebt Misteln und andere Beeren, deren Samen sie verbreitet. Sie sucht aber auch auf Wiesen und Weiden nach Insekten und anderen Kleintieren.

TURDUS ILIACUS — **J F M** A M J J A S **O N D**

Rotdrossel

Merkmale Bis zu 21 cm lang. Braun, Körperseiten und Flügelunterseite **rostrot**. Überaugenstreifen weißlich.

Vorkommen **Wintergast** in offenen Landschaften, lichten Wäldern, Parks, größeren Gärten, Obstwiesen.

Biologie Die Rotdrossel, ein Vogel der nordischen Tundra und Taiga, mischt sich bei uns im Winter häufig unter die Trupps der Wacholderdrossel. Einzelne Rotdrosseln brüten in den Alpen.

TURDUS PILARIS — **J F M A M J J A S O N D**

• • • • (A M J J)

Wacholderdrossel

Merkmale Bis zu 26 cm lang. Kopf und Bürzel **grau**. Rücken und Flügel **braun**.

Vorkommen In **Feldgehölzen**, Parks, Gärten, Obstwiesen.

Biologie Die Wacholderdrossel ist die geselligste Drossel, die auch durch **»tschack-tschak«-Rufe** auffällt. Die Vögel brüten in Kolonien in den Bäumen. Gemeinsam greifen sie sich nähernde Greifvögel und Krähen an und bespritzen sie mit ihrem Kot. Auch außerhalb der Brutzeit ziehen diese Drosseln in großen Trupps auf der Suche nach Obst und Früchten umher.

SINGDROSSEL

MISTELDROSSEL

ROTDROSSEL

WACHOLDERDROSSEL

PASSER DOMESTICUS — J F M A M J J A S O N D

Haussperling (Hausspatz)

Merkmale Bis zu 16 cm lang. Braun, dunkel gestreift, Unterseite weißlichgrau. Männchen **Kopfplatte grau**, Kehlfleck schwarz.

Vorkommen In **Siedlungen**, auch in Innenstädten, Zoos, Tierparks, auf Pferde- und Bauernhöfen.

Biologie Mit den ackerbaubetreibenden Menschen ist der Haussperling vor 10000 bis 15000 Jahren bei uns eingewandert und heimisch geworden. Lebhaft hüpfend und mit typischen **»tschilp«-Rufen** taucht der gesellige Spatz überall dort auf, wo Essensreste anfallen – in Straßencafés ebenso wie in Pferdeställen. Dabei beäugt er stets aufmerksam die Umgebung und ist immer auf der Hut vor möglichen Feinden, wie Katzen oder dem Sperber etwa. Das ganze Jahr über lebt der Haussperling in Schwärmen, die gemeinsam im dichten Geäst von Sträuchern und Hecken »verschwinden«. Dann hört man ihr lautes Tschilpen wie munteres Geschwätz. Haussperlinge brüten meist dreimal im Jahr und legen ihre Nester in Mauerlöchern und -nischen, unter Dachpfannen, in Fassadenbegrünungen und in Nistkästen an, wohnen aber auch in Mehlschwalbennestern oder sogar im Storchenhorst als Untermieter. Dabei beanspruchen sie kein Revier, sondern hausen zu mehreren auf engem Raum. Dem unordentlichen Nest sieht man nicht an, dass die Sperlinge mit den Webervögeln verwandt sind. Wegen der modernen Hausbauweise findet der Spatz zunehmend weniger Nistmöglichkeiten. Daher nimmt sein Bestand in erschreckendem Maße ab. Mit Nistkästen kann man ihm helfen.

PASSER MONTANUS — J F M A M J J A S O N D

Feldsperling

Merkmale Bis zu 14 cm lang. Braun, dunkel gestreift, Unterseite grau, **Kopfplatte kastanienbraun**, Kehle und Wange schwarz, Nackenring weiß.

Vorkommen In offener, **gebüschreicher Landschaft**, Dörfern und Gärten.

Biologie Der Feldsperling hält sich bei uns etwas ferner vom Menschen auf als der größere Haussperling, der in den Städten vermutlich der Überlegene der beiden Arten ist. Im Mittelmeerraum ist der Feldsperling nämlich ein häufiger Stadtvogel. Bei uns lebt er eher am Dorfrand. Dort hat er leichten Zugang zu Feldern, Wiesen und Weiden, wo er im Sommer Insekten, später vor allem Samen findet. Dann trifft man ihn in großen Schwärmen, häufig auch mit Finken und Goldammern an. Auch der Feldsperling ist ein geselliger Vogel, der auch während der Brutzeit kein eigenes Revier für sich in Anspruch nimmt. Sein Nest baut er in Baumhöhlen, Nistkästen (die er quasi bis unters Dach mit Halmen, Stängeln und Federn füllt) und an Gebäuden.

HAUSSPERLING, ♂

HAUSSPERLING, ♀

FELDSPERLING

MONTIFRINGILLA NIVALIS — J F M A M J J A S O N D

Schneesperling (»Schneefink«)

Merkmale Bis zu 19 cm lang. Braun, Unterseite weiß, Kopf grau, **Flügel schwarz-weiß**. Im Sommer Kehle und Schnabel schwarz, im Winter Kehle hell, Schnabel gelb.

Vorkommen In **felsigen Hochgebirgen** (Alpen) oberhalb der Baumgrenze.

Biologie Kein Vogel lebt bei uns in so großen Höhen wie der Schneesperling: In den Alpen brütet er tief in Felsspalten, an Hütten und Skiliftmasten bis in 3500 m Höhe, im Himalaja sogar bis in 5000 m Höhe! Unterhalb von 1800 m trifft man ihn nicht an. Ungewöhnlich ist auch die niedrige Körpertemperatur dieses Vogels, die bei nur rund 30 °C liegt. Auch im Winter verlässt der Schneesperling das Hochgebirge nicht und ernährt sich von Samen. Dann besucht er gern Bergstationen und Skilifte. Im Sommer erbeutet er Insekten und Spinnen.

FRINGILLA MONTIFRINGILLA — J F M A M J J A S O N D

Bergfink

Merkmale Bis zu 16 cm lang. Männchen **schwarzbraun**, **Brust orange**, Bauch weiß. Weibchen blasser.

Vorkommen **Wintergast** in Buchenwäldern und Gärten.

Biologie Wie viele Bergfinken im Winter zu uns kommen, hängt von der Menge an Bucheckern ab. In »Mastjahren« der Rot-Buche finden sich Hunderttausende dieser Vögel ein, in »normalen« Buchenjahren hingegen mischen sich einzelne Vögel gern unter Buchfinken. Im Frühjahr verlässt uns der Bergfink, um in den lichten Nadel- und Birkenwälder des Nordens zu brüten.

FRINGILLA COELEBS — J F M A M J J A S O N D

Buchfink

Merkmale Bis zu 16 cm lang. **2 Flügelbinden weiß**. Männchen **kastanienbraun**, Unterseite braunrosa, Kopf und Nacken **graublau**, Bürzel grünlich, im Herbst blasser. Weibchen grünlichgrau.

Vorkommen In **Wäldern**, Parks, Gärten, Feldgehölzen.

Biologie Der Buchfink ist bei uns der häufigste Brutvogel. Man findet ihn überall, wo Bäume stehen. Weil er selten zum Futterhaus kommt und sich häufig in den Baumkronen aufhält, fällt er weniger auf als Amseln oder Spatzen. Nur auf der Suche nach Samen und Insekten kommt er auf den Boden, verschwindet aber bei der geringsten Störung wieder im Geäst. Seine kräftigen **»pink«-Rufe** sind markant, ebenso sein schmetternder Gesang, der in einem »würzgebier«-Schnörkel endet.

SCHNEESPERLING

BERGFINK

BUCHFINK, ♂

BUCHFINK, ♀

CARDUELIS CHLORIS J F M A M J J A S O N D

Grünfink (Grünling)

Merkmale Bis zu 16 cm lang. **Schnabel dick**, graurosa. **Gelblichgrün**, Flügel- und Schwanzstreifen gelb. Weibchen blasser.

Vorkommen In **Feldgehölzen**, **Gärten**, Parks, Siedlungen, am Waldrand.

Biologie In lockeren Baumbeständen ist der gesellige Grünfink zu Hause. Im Winter besuchen diese Finken auch gern Futterhäuschen; sie wehren mit drohend abgestellten Flügeln und Schwanz andere Besucher ab, bis sie satt sind. Im Frühjahr baut das Weibchen allein ihr Nest ins dichte Geäst von Gehölzen. Die Jungen erhalten zunächst Blattläuse, später im Kropf aufgeweichte Samen und sind nach ca. 17 Tagen flügge. Nach der Brutzeit ziehen die Grünfinken in großen Trupps auf der Suche nach Nahrung weit umher. Mit dem kräftigen Schnabel und der Zunge können sie hervorragend Samen schälen.

CARDUELIS CARDUELIS J F M A M J J A S O N D

Stieglitz (Distelfink)

Merkmale Bis zu 13 cm lang. Braun, Bauch weiß, **Kopf rot-schwarz-weiß**, Flügel schwarz-gelb.

Vorkommen Lichte Wälder, **Feldgehölze**, Gärten, **Brachland**.

Biologie Trotz seiner bunten Farben fällt der Stieglitz wenig auf, wenn er im Herbst in kleinen Trupps die Samenstände der Disteln und Karden besucht. Um die feinen Samen herauszuziehen, turnt er oft kopfüber herum. Seinen Namen verdankt er den typischen **»stigelitt«-Rufen**, die man besonders häufig vor dem Abfliegen hört. Im Frühjahr erkunden die Männchen in hohen Bäumen geeignete Nistplätze aus, an denen das Weibchen das kleine, dickwandige Nest erbaut.

CARDUELIS SPINUS J F M A M J J A S O N D

Erlenzeisig

Merkmale Bis zu 12 cm lang. **Grünlich-gelb**, Stirn und Kehle schwarz, **Flügelbinde gelblich**. Weibchen grünlicher, mehr gestreift.

Vorkommen Nadel- und **Mischwälder**, auch Baumgruppen.

Biologie Während der Brutzeit, die schon sehr früh im Jahr beginnt, sieht man den Erlenzeisig nur selten. Sein kompaktes Nest befindet sich weit oben in den Kronen der Nadelbäume (meist Fichten). Dort findet dieser Fink auch genügend Nahrung (Samen, auch Insekten). Erst im Herbst und Winter ist er leichter zu sehen, wenn er zwitschernd in kleinen Trupps in Birken und Erlen herumturnt oder am Futterhäuschen erscheint.

GRÜNFINK

STIEGLITZ

ERLENZEISIG

CARDUELIS FLAMMEA J F M A M J J A S O N D

Birkenzeisig

Merkmale Bis zu 14 cm lang. Braun-beige gestreift. Männchen Stirn und **Brust rot**, Weibchen ohne Rot. **Schnabel winzig**, gelb.

Vorkommen Nadel- und Birkenwälder, auch in Gärten, Parks.

Biologie Ursprünglich ein Bewohner der nordischen und alpinen Nadelwälder, brütet der gesellige, sehr aktive Birkenzeisig zunehmend auch in den Mittelgebirgen und Tallagen. Dort tauchte er früher nur als Wintergast auf. In koniferenreichen Gärten, Friedhöfen und Parks findet er gute Nistplätze und Nahrung (Samen der Fichten, Birken, Kräuter, im Sommer auch Insekten und Nektar).

CARDUELIS CANNABINA J F M A M J J A S O N D

Bluthänfling

Merkmale Bis zu 14 cm lang. Braun, Unterseite heller. Männchen Stirn und **Brust kräftig rot**, diese außerhalb der Brutzeit braunrot.

Vorkommen In gebüschreicher offener Landschaft, Parks, auch Gärten.

Biologie Die Samen von Löwenzahn, Sternmiere, Sauerampfer und anderen als »Unkräuter« verschrienen Ackerkräutern stehen auf dem Speisezettel des Bluthänflings. Von allen Finkenvögeln, die man am kräftigen Schnabel erkennt, braucht er am wenigsten Bäume in seinem Lebensraum: Er brütet in (dornigen) Sträuchern und singt sein flottes, trillerndes Lied auf Gebüschspitzen. Dort fällt das leuchtend rote Männchen ganz besonders auf. Nach der Brutzeit schließt sich auch der Bluthänfling zu kleineren Trupps, im Winter gar zu größeren Schwärmen zusammen.

SERINUS SERINUS J F M A M J J A S O N D

Girlitz

Merkmale Bis zu 12 cm lang. Gelbgrün gestreift, Unterseite gelb gestreift, **Kopf kräftig gelbgrau**. Weibchen matter, graugrün.

Vorkommen **Gärten**, Parks, Friedhöfe, Weinberge, Obstwiesen.

Biologie Von einer Baumspitze oder Antenne aus oder fledermausartig fliegend ertönt der trillernde Gesang des Girlitz. Dazwischen ruft er seinen Namen »girlitt«. Erst in den letzten 200 Jahren hat sich der Girlitz, vom Mittelmeerraum kommend, bei uns ausgebreitet. Heute findet man sein sorgfältig gebautes Napfnest in Büschen, Obstbäumen und Nadelbäumen. Die bis zu 5 Jungen werden mit einem Brei aus vorverdauten Samen (Gänsefuß, Korbblütler, »Unkräuter«) gefüttert.

BIRKENZEISIG

BLUTHÄNFLING

GIRLITZ

COCCOTHRAUSTES COCCOT. **J F M A M J J A S O N D**

Kernbeißer

Merkmale Bis zu 18 cm lang. **Schnabel sehr dick**. Braun, unten heller, **Kopf orangebraun**, Nacken grau. Weibchen blasser.

Vorkommen In Laub- und **Mischwäldern**, Feldgehölzen, Obstgärten, Parks.

Biologie Dem großen, kräftigen Schnabel sieht man schon an, dass er zum Knacken besonders harter Samen geeignet ist: Der Kernbeißer (*Coccothraustes coccothraustes*) öffnet problemlos Kirschkerne (in 3 Sekunden) oder Hainbuchenfrüchte. Besonders während der Brutzeit hält er sich meist weit oben in den Baumkronen auf. Dann kann man ihn nur am Boden entdecken, wenn er aus Pfützen trinkt. Erscheint er in kleinen Trupps im Winter am Futterhaus, hält er die anderen Vögel meist auf Abstand.

PYRRHULA PYRRHULA **J F M A M J J A S O N D**

Gimpel (Dompfaff)

Merkmale Bis zu 17 cm lang. Rücken grau, **Kopf schwarz**, Flügel schwarz-weiß. Männchen **Unterseite kräftig rosarot**, Weibchen bräunlichgrau.

Vorkommen In gebüschreichen Nadel- und **Mischwäldern**, Feldgehölzen, Parks, Gärten, auf Friedhöfen.

Biologie Der auffallend gefärbte Gimpel, wegen der schwarzen Kappe auch Dompfaff genannt, führt ein unauffälliges Leben: Bei der geringsten Störung ziehen sich die Vögel mit »düt-düt«-Rufen ins Geäst zurück. Im dichten Gebüsch liegt auch das gut versteckte Nest. Werden am Jahresanfang die Samen von Bäumen und Kräutern knapp, kneift der Gimpel mit seinem scharfkantigen Schnabel auch Knospen von Laub- und Obstbäumen ab. Dieser Finkenvogel lebt vermutlich das ganze Leben mit demselben Partner zusammen, ungewöhnlich bei kleinen Vögeln.

CARPODACUS ERYTHRINUS J F M A **M J J A S** O N D

Karmingimpel

Merkmale Bis zu 15 cm lang. Braun, Unterseite heller. Ältere Männchen Kopf, Brust und Bürzel **karminrot**.

Vorkommen In gebüschreicher, feuchter Landschaft, Parks.

Biologie Der ursprünglich aus Asien stammende Karmingimpel (Wintergebiete in Indien, Iran) hat sich in den letzten 100 Jahren immer weiter nach Westen ausgebreitet. Er erreichte Österreich etwa 1963, kurz darauf Deutschland. Auffällig sehen nur die Männchen ab ihrem 2. Lebensjahr aus, wenn sie zur Brutzeit prächtig rot gefärbt sind. Jüngere Männchen und Weibchen sind bräunlich. Der Gesang erinnert ein wenig an den Pirol.

KERNBEISSER

GIMPEL, ♂

GIMPEL, ♀

KARMINGIMPEL

LOXIA CURVIROSTRA

J	F	M	A	M	J	J	A	S	O	N	D
•	•	•	•	•	•	•	•	•			•

Fichtenkreuzschnabel

Merkmale Bis zu 17 cm lang. **Schnabelspitzen überkreuzt**. Schwanz dunkel. Männchen **ziegelrot**, Weibchen graugrün.

Vorkommen In Nadel-, besonders **Fichtenwäldern**.

Biologie Fichtenkreuzschnäbel führen ein Nomadenleben: Sie halten sich stets dort auf, wo es ausreichend Fichtenzapfen gibt. Daher treten sie immer wieder an manchen Orten in großen Massen auf. Mit den gekreuzten Schnabelspitzen können sie hervorragend die feinen Samen unter den Zapfenschuppen hervorholen, die sie dazu in der Mitte spalten. Da der Tisch für diese Finkenvögel besonders reichlich im Winter gedeckt ist, brüten viele zu dieser ungewöhnlichen Jahreszeit. Die stabilen Nester befinden sich hoch oben in den Bäumen.

EMBERIZA CITRINELLA

J	F	M	A	M	J	J	A	S	O	N	D
			•	•	•	•	•				

Goldammer

Merkmale Bis zu 17 cm lang. Braun-schwarz gestreift, Kopf und **Unterseite gelb**, Bürzel rotbraun. Weibchen weniger Gelb.

Vorkommen In **gebüschreichem Kulturland**, Feldgehölzen, am Waldrand.

Biologie In ländlichen Gegenden mit Wiesen, Feldern, Heckenstreifen, Obstbäumen und Waldrändern ertönt vom Frühjahr bis weit in den Sommer hinein das typische, leicht melancholische Lied der Goldammer »Wi-wi-wi-hab-ich-dich-lieb«. Sie brütet zweimal im Jahr im bodennahen Gebüsch. Im Sommer ernähren sich diese Ammern von Insekten, auch behaarten Raupen; im Winter suchen sie gern in Trupps zusammen mit Spatzen und Buchfinken Samen auf abgeernteten Feldern oder bei Bauernhöfen.

EMBERIZA CIRLUS

J	F	M	A	M	J	J	A	S	O	N	D
			•	•	•	•	•				

Zaunammer

Merkmale Bis zu 16 cm lang. Braun-grau, **Kopf schwarz-gelb gestreift**, Brust olivgrau. Männchen Kehle schwarz. Weibchen blasser, Kehle gelb.

Vorkommen In **Weinbergen**, sonnigen Obstbaum- und Gebüschhängen.

Biologie Die Zaunammer kommt hauptsächlich im Mittelmeerraum bis Griechenland vor. Bei uns brütet sie nur in (ehemaligen) Weinbergen und Obstanbaugebieten im Südwesten. In modernen Weinbaugebieten hingegen findet sie keinen Lebensraum mehr (mangels Insektennahrung, fehlenden Brutplätzen in Mauernischen oder dornigen Sträuchern). Auch strenge Winter setzen dieser Ammer sehr zu. Daher ist der Bestand rückläufig.

FICHTENKREUZSCHN., ♂

FICHTENKREUZSCHN., ♀

GOLDAMMER

ZAUNAMMER

EMBERIZA HORTULANA — J F M **A M J J A S** O N D

Ortolan

Merkmale Bis zu 17 cm lang. Bräunlich, Unterseite rötlichbraun, **Kehle und »Bart« gelb**. Weibchen blasser. **Schnabel rosa**.

Vorkommen In etwas trockenerer, **offener Landschaft** mit **Gebüsch**.

Biologie Einst war der Ortolan bei uns so verbreitet, dass er sogar **Gartenammer** genannt wurde. Heute ist er selten geworden, denn er braucht ungestörte Getreidefelder zum Brüten und Sträucher als Singwarte, in deren Wipfel das Männchen wehmütig singt. Zum Rückgang trägt sicherlich auch bei, dass der Ortolan in Frankreich als Delikatesse stark bejagt wird. Unter den bei uns brütenden Ammern ist er der einzige Zugvogel. Er überwintert in den afrikanischen Savannen.

EMBERIZA SCHOENICLUS — **J F M A M J J A S O N D**

Rohrammer

Merkmale Bis zu 15 cm lang. Dunkelbraun-schwarz gefleckt, Unterseite weißlichgrau. Männchen **Kopf und Kehle schwarz**, **Halsband weiß**. Weibchen Überaugenstreifen weiß.

Vorkommen In Feucht- und **Schilfgebieten**, an Gräben.

Biologie Die Rohrammer ist ein typischer Schilfbewohner. Man kann sie ruckartig über den Halmen fliegend entdecken oder singende Männchen an hohen Schilfhalmen. Das Weibchen baut sein Nest bodennah versteckt ins Röhricht, gern auch über dem Wasser. Manchmal haben die Männchen nicht nur ein brütendes Weibchen, sondern mehrere. Im Herbst ziehen viele Rohrammern nach Südeuropa, andere überwintern bei uns. Sie streifen dann gern mit Finken und Spatzen auf abgeernteten Feldern umher.

EMBERIZA CALANDRA — **J F M A M J J A S O N D**

Grauammer

Merkmale Bis zu 18 cm lang. **Graubraun-dunkel gestrichelt**, Unterseite heller. Schnabel dick, gelblich.

Vorkommen In extensiv genutzter, stillgelegter **Feldlandschaft**.

Biologie Diese größte und **schwerste Ammer** fällt durch ihren pummeligen Körperbau auf. Typisch sind auch die herabhängenden Beine auf kurzen Flugstrecken. Das Männchen sitzt zum Singen (»zick-zick-schnirrps«) gern auf Leitungsdrähten, Strauchspitzen oder exponierten Blütenständen, auch im Winter. Bis ins Frühjahr hinein suchen Grauammern gemeinsame Schlafplätze auf. In Gebieten mit moderner Landwirtschaft ist sie seltener geworden oder ganz verschwunden.

ORTOLAN

ROHRAMMER, ♂

ROHRAMMER, ♀

GRAUAMMER

Stichwortverzeichnis

Bildnachweis

Hecker: 1, 2/3, 7m, 11o, 15u, 17u, 21ul, 21ur, 25u, 27u, 29u, 33m, 39o, 43o, 45ur, 49o, 51ol, 53m, 55o, 59ol, 59or, 63u, 65ml, 71o, 83m, 101ol, 101u, 103o, 103u, 105mr, 105u, 109m, 109u, 111o, 113or, 115m, 117o, 119m, 121o, 125o, 127o, 127m, 129m, 129ur, 131ml, 131mr, 131ul, 131ur, 137o, 137m, 139mr, 141o, 141m, 143u, 149ul, 151u, 153o
Limbrunner: 15m, 21o, 23u, 31m, 35o, 41o, 41u, 45o, 45m, 45ul, 47o, 47ml, 49u, 51or, 51m, 53or, 59u, 63o, 63m, 67o, 69u, 75o, 77o, 77u, 85ur, 87, 91m, 93ur, 95or, 97ul, 97ur, 99o, 99m, 99u, 107m, 123o, 139o, 147o, 153u
Pforr : 7u, 9o, 11u, 27o, 35m, 61or, 83ur, 87ol, 125u, 131or, 139u, 141u, 153mr
Pott: 11m, 13u, 17o, 17m, 19o, 19u, 23o, 23m, 25ol, 31o, 37or, 41m, 43u, 49m, 51u, 65o, 67m, 67u, 69m, 75m, 75u, 81u, 83o, 89ur, 151m
Reinhard: 81o, 83ul, 93ul
Tuschl/Willner: 9m, 21m, 33o, 55u, 57m, 61ol, 69o, 71u, 73u, 89ol, 95ol, 151or
Willner: 9u, 13m, 15o, 25m, 33u, 53ol, 55m, 57o, 103m, 105o, 111ul, 115o, 117m, 117u, 145m, 149o
Zeininger: 7o, 13o, 19m, 25or, 27m, 29o, 29m, 31u, 37ol, 37u, 39u, 43m, 47mr, 47u, 53u, 57u, 61m, 61u, 65u, 65mr, 71m, 73o, 73m, 77m, 79o, 79m, 79u, 85o, 85ul, 87or, 89or, 89ul, 91o, 91u, 93o, 95ul, 95ur, 97o, 101or, 101m, 105ml, 107o, 107u, 109o, 111ur, 113ol, 113u, 115ul, 115ur, 119o, 119u, 121ul, 121ur, 123m, 123u, 125m, 127ul, 127ur, 129o, 129ul, 131ol, 133o, 133m, 133u, 135o, 135u, 137ul, 137ur, 139ml, 143m, 143or, 143ol, 145o, 145u, 147m, 147u, 149m, 149ur, 151ol, 153ml

Über die Autorin

Bärbel Oftring ist Diplom-Biologin mit den Schwerpunkten Zoologie, Paläontologie und Botanik. Sie arbeitet als Autorin, Lektorin und Leiterin von Naturforscher-AGs. In ihren zahlreichen Sachbüchern vermittelt sie auf anschauliche Weise Erstaunliches, Interessantes, Wissens- und Erlebenswertes über Tiere und Pflanzen, Natur und Umwelt an Kinder und Erwachsene. Zwei ihrer Bücher wurden für den Jugendsachbuchpreis 2009 des Vereins für Leseförderung nominiert, ein weiteres kam beim Jugendsachbuchpreis 2010 in die Endrunde. Bärbel Oftring lebt mit Familie und Hund zwischen Wald und Streuobstwiesen bei Böblingen.

Bibliografische Information der Deutschen Nationalbibliothek

Die Deutsche Nationalbibliothek verzeichnet diese Publikation in der Deutschen Nationalbibliografie; detaillierte bibliografische Daten sind im Internet über http://dnb.ddb.de abrufbar.

BLV Buchverlag GmbH & Co. KG
80797 München

Piktogramme und Grafik Seite 4: Gisela Rüger, München

Umschlaggestaltung: Kochan & Partner GmbH, München
Umschlagfotos: Blickwinkel/McPhoto (vorne), Pott (hinten)

Lektorat: Dr. Friedrich Kögel, Christina Redmer
Herstellung: Hermann Maxant
Layoutkonzept Innenteil: Kochan & Partner GmbH, München
DTP: Satz+Layout Peter Fruth GmbH, München

Gedruckt auf chlorfrei gebleichtem Papier

Printed in Germany

ISBN 978-3-8354-0788-6